JN195923

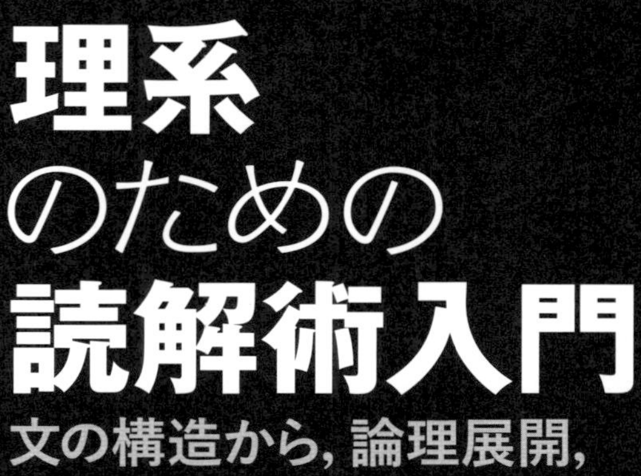

理系のための読解術入門

文の構造から，論理展開，批判的読み方まで

西出利一

化学同人

はじめに

本書は，科学技術文や科学技術関連文（解説文やエッセイ，雑誌や書籍も含みます．著者は理系文とも呼びます）を読解する方法を述べたものです．理工系学生および技術者・研究者(理系人)だけでなく，理系文の読解に関心のある人たちに手にとっていただきたいと考えています．

私たちの社会では，文章を読み書きすることを避けて通ることはできません．学校だけでなく一般社会でも大量の文章があふれていますし，何らかのアイテムについて議論したり，その報告や決定を文章で伝えたりすることが日常的に求められています．私たちは日々文章に囲まれ，文章を扱うことを避けられない環境にいるのです．しかし，文章に何が書かれているのか，そこから何を読みとるべきか，しかもそれを短時間で把握するには，文章の読解力が必要です．つまり，学生や社会人にとって，文章の読解力は不可欠な能力なのです．

さて，理系文は科学技術的センスで書かれています．つまり，データとエビデンスを取り扱い，それらを科学の論理（因果律，演繹法，帰納法，類推など）で論理的に考察し，一定の結論が導かれます．科学技術者や科学技術に携わる人(理系人)や科学技術に関心をもつ人には，こうした理系文の十分な読解力が必要です．業務遂行に必要不可欠ですし，視野の拡大や教養を身につけるためでもあります．このような文章の読解法は，従来の国語教育では，ほとんど教授されることはありませんでした．理系の大学では，学部の専門教育，とくに卒業研究で理系文の読解法が教えられ，あわせて科学的思考法が教授されています．しかし，その読解法は教員の経験に基づく方法で教えられることが多く，あまり体系的には取り組まれていません．

一方，文章の読解力を向上させるための書籍が数多く出版されています．これらの書籍や教育プログラムは，学校では広い意味の国語教育，一般社会ではリカレント教育の一環として取り組まれています．学校でも一般社会でも読解力を向上させるニーズが大きいのです.

ところがこれらの書籍では，人文科学的または社会科学的な文章（評論文など）がおもに取り上げられています.これらの書籍における「論理的な文章」の捉え方は，理系文とはいささか異なっています．理系文の論理に合わせた読解法が求められているのです.

そのような現状を鑑み，本書では理系文の読解法を解説しています．科学的論理で記述された理系文の読解力を，基礎段階から体系的に習得し，最終的には理系文の優れた読み手になっていただけるように著しました．本書の特徴は次のとおりです.

・論理的な文章の読解力を，基礎段階から無理なく体系的に習得できる構成になっています.
・第１章に用意された読解力チェックテストにより，現在の読解力レベルを知ることができます．また，第２章以降の各節の見出しには学習レベル（ステップ１，２，３）が併記されています．これにより読者は自身の学習レベルの進度も把握できます.
・本書の目次構成は，読解力テスト（第１章）と理系文の構造（第２章）の後，パラグラフ（第３章）→ 文（第４章）→ 論理的な文章（第５章）→ 批判的読解（第６章）と，段階を経て進みます．各段階では読解を助けるツールを紹介し，文例や練習問題も用意して，無理なく読解法を習得できるように工夫しました．なお，まずパラグラフの読解を解説し，その後，文の読解について述べているのは，パラグラフが読解の要（かなめ）であると考えるからです.
・文例や練習問題の文章には理系文を用い，科学者や科学技術者の著作や科学雑誌の記事からも引用しました．これにより，読解力だけでなく，理系文の論理構成と科学的思考法も習得することができます.
・本書は，大学の研究室で，理系文の読解術を指導する先生と理系文の読解に悩む三人の学生との対話により進行します．各章は，その章で学ぶ事項の説明，それに関する文例の解説，ついで練習問題へと順序立てて進んでいきます．後半には，学生同士の読解に関する討論も盛り込み，読解の質が向上するように工夫しています.

本書を活用することで，読者の皆さんは多くの理系文を容易に読解できるようになるでしょう．

本書では，上に述べたような科学技術を記述する専門的な文章に限らず，科学技術の概論，科学技術の雑誌記事やエッセイなども取り上げ，文章の読解力と批判的読解法を解説しています．その内容について考える楽しみも提供しています．

科学雑誌には，最近のトピックや科学技術に関する優れた論考が数多く掲載されています，また理系の人たちにも，エッセイや論考の名手がたくさんいらっしゃり，その人たちの素晴らしい文章が書店や図書館で読まれることを待っています．本書がきっかけになり，それらの記事や著作を楽しむことで，科学技術だけでなく，多次元的で実り豊かな世界を手に入れられ，あなたの理解する世界は大きく広がるかもしれません．それは著者にとっても望外の喜びです．

目　次

第1章
論理文の読解力 ——チェックテスト

1.1　論理文の読解は難しい

ある日の午後.

三人　「先生，こんにちは．お邪魔してもよろしいでしょうか」

先生　「やあ，こんにちは．今日はどうしたのですか？　仲よし三人組がそろってご来訪とは」

志穂　「今日の講義で先生は…」

先生　「論理文は論理的に組み立てられています．それを読んで意味が理解できると，社会で活躍できるでしょう．理系でも研究レポートや科学技術に関する文章が多くあります．それらは論理的に書かれています．だから理系でも論理文の読解力が必要になります」

志穂　「…っておっしゃいましたよね．それで悩んじゃったんです」

先生　「それは，またどうして？」

志穂　「だって，今日の講義で配られた資料は難しくて，意味がよくわからないんです．こんなに難しいものを読まなきゃいけないんですか？」

聡　「僕たち，こんなに長くて，ややこしい文章は苦手です」

悠人　「いつもはLINEでちょこちょこと書いて，あとはスタンプで通じるから，長々と書かないんです」

先生　「わかりました．でも，今日の講義で取り上げた文章くらいなら，簡単に読みこなせると思ったんですが，難しいですか？」

三人　「難しいです」

志穂　「だから，私たちが悩まなくてもいいように，文章の読み方とかコツとかを教えていただけませんか」

先生　「社会には論理的に書かれた文章が多くあります．新聞，雑誌や本などに載っているものがそうです．また，科学技術文は，データやエビデンスに基づいて論理的に考察しています．これらをまとめて，私は**論理文**と言っています．私は，科学技術文を**理系文**とも言っていますので，これからは理系文と言いましょう．三人も，学校を卒業して企業や研究機関に勤めたら，理系文やその他の論理文をほぼ毎日読んだり書いたりするでしょう．このような文章の読み方を教えてほしいということですね？」

三人　「はい」

先生　「わかりました．ちょうど私も読解力を養う教材を作ったところですので，それを使って教えましょう」

1.2　読解力テスト

先生　「まず,皆さんの読解力のレベルを把握するところから始めましょうか」

三人　「え～」

聡　「テストなんて嫌いです」

志穂　「そんなことをお願いしたくて来たんじゃないんです」

先生　「まあまあ，そう言わないで．皆さんの現状を知りたいだけです．そんなに時間はかからないから，ひとまず，やってみましょう．いま印刷して渡します」

悠人　「それじゃあ，テストの後で読解法を教えていただけますか」

先生　「もちろんです．どんな成績でも，私が教えたら必ず読解力はつくと約束しますよ」

悠人　「じゃあ，やってみます．時間はどのくらいでやればいいんですか？」

先生　「最大 20 分でやってみてください」

三人　「はい」

読解力チェックテスト

プラスチックの循環化が求められている．プラスチックは20世紀の化学が生んだ最高傑作の一つだ．安価で使い勝手がよいのでさまざまな用途で大量に使われている．その使い方はいかにも20世紀の大量生産・大量消費の典型で，生産→消費→廃棄というワンウェイ(一方向)であり，廃棄プラスチックは焼却か文字どおり廃棄するだけだった．大量に廃棄されたプラスチックは，深刻な環境問題を引き起こした．すなわち，プラスチックの焼却処分により発生する二酸化炭素は地球温暖化の一因になり，廃棄されたプラスチックは微粒子化してマイクロプラスチックになり，海洋汚染など環境汚染を引き起こした．

その反省から近年，循環の必要性が叫ばれ，使用後回収して再資源化する方法が開発されてきた．燃焼して得られる熱エネルギーの利用を除くと，材料として再資源化する方法がある．単一組成で高品質のものは砕いて小片(ペレット)にして，成形用材料として使う．再利用である．単一組成だが低品質のものはプラスチックの成分(モノマー)にまで分解して，再度プラスチックにつくりあげる．素材再生である．

2022年の日本では，プラスチックの消費量，廃棄量と再資源化は，それぞれ910万トン，823万トン，717万トンであり，87%であった．

しかし，どんなに回収を徹底しても廃棄量の1～2%は環境中に流れ出てしまう．その解決は，環境中で自然という資源に戻すことである．つまり，生分解性プラスチックの開発である．プラスチックの成分を生分解性のものに変えると，廃棄後地中の微生物により分解され地球に戻すことができる．

このようにいくつかの方法が開発されているが，まだまだ発展途上だ．今後も精力的に開発を続けることにより，プラスチックの循環化が達成されるだろう．

問題 1-1

「安価で使い勝手がよいのでさまざまな用途で大量に使われている」は主語が省略されています．主語を示しなさい．

問題 1-2

「プラスチックの循環化」とは何ですか．文中の言葉を使って述べなさい．

問題 1-3

「プラスチックの循環化が求められる」ようになった要因は何だと考えますか．文中の言葉を使って述べなさい．

問題 1-4

プラスチックを再資源化する方法はいくつありますか．また，その方法を文中の言葉で示しなさい．

問題 1-5

2022 年の日本でのプラスチックの廃棄量は何万トンですか．

問題 1-6

「87% であった」はその前の言葉が省略されており，よく意味がわかりません．意味がわかるように言葉(主語と修飾語)を補いなさい．

三人　「先生，できました」

先生　「ご苦労様です．じゃあ解答例をネットに上げておきましたので，下の２次元コードを読み取るか，URL にアクセスして，自己採点してください．正答が２問以下を初級レベル，３～４問を中級レベル，５問以上を上級レベルとしましょうか」

三人　「はい」

https://www.kagakudojin.co.jp/book/b644067.html

聡　「2 問しか解けなかったから，初級レベルかぁ．こんな難しい文章なんか読み解けないって…」

志穂　「私は１問だけ間違えたけど，ほかは合ってた．上級レベルなのはうれしいな」

悠人　「えぇ，志穂さんすごいなぁ．僕は４問しか解けなかったよ，おかしいなあ．もう少し自信はあったんだけど，中級かぁ…」

先生　「まあまあ．別に今の状態を調べただけですから，そんなに言わないでください．徐々にステップを追って理解できるようにしますから，この先教えることを，これからの学習の参考にしてください．どのステップからスタートしても，この学習が終わるころには皆さん，読解力の実力と自信がついていますよ」

志穂　「それはうれしいです．今からさっそくお願いします」

先生　「聡君も悠人君も時間はありますか？」

聡　「成績はちょっとがっかりですが，まあいいか…」

悠人　「はい，始めてください」

先生　「それでは，まず論理文とは何か，それを説明します」

第2章

理系文をなぞってみよう

2.1　理系文の構造(その1)　ステップ1

引き続き，ある日の午後.

先生「さて，皆さん．理系文とは先ほど（第1章）話したとおり，科学技術に関する文章で，論理的に書かれています．理系文は大きく四つに分けられます(図2-1).

一つ目はある分野を体系的に説明するもので，教科書がその例です．二つ目は観察･実験結果などを報告しそれに関する考察を述べるもので，たとえば研究・実験レポートや論文です．三つ目は科学技術に関することがらを解説したり，それに関する著者の考えを述べたものです．解説書，エッセイや科学技術論がその例です．最後に，科学技術関係の記事で，科学雑誌やニュース雑誌に載っているものです．これから皆さんに理系文を学んでいただくために，このうち四つ目の文章を例文として使います」

その1 ある分野を体系的に説明するもの 例：教科書	その2 観察・実験結果などを報告し， それに関する考察を述べるもの 例：研究・実験レポートや論文
その3 科学技術に関することがらを解説したり， それに関する著者の考えを述べたもの 例：解説書，エッセイや科学技術論	その4 科学技術関係の記事で，科学雑誌や ニュース雑誌に載っているもの **ここで解説！**

図2-1　『理系文』は大きく四つに分けられる

先生 「理系文には一定の構造をもっているものがあります．教科書は，多くの場合，体系を構成する概念を提示し，それを定義し，説明や例示を行い，例題や演習問題が続きます．手元の教科書を開いてみてください．

研究・実験レポートや論文は構造がキチッと決まっています．最初に緒言があり，そこに研究・実験の背景と目的を示します．次に実験・シミュレーションがあり，その後結果と考察が続きます．これらは皆さん毎日経験しているので，ことさら説明しなくてもよいでしょう．

その他の文章はこのような厳密な構造はもっていませんが，論理的に記述できる一定の構造をもっています．

【文例 2-1】を見てください．これを使って理系文の構造を説明します」

【文例 2-1】 東京の夏は世界のそれと同じように暑いのか――東京の夏と世界のそれとの比較 **（表題）**

東京の夏の暑さは世界のそれと同じなのかを，東京の8月平均気温の経年変化と，世界の8月平均気温偏差と比較して検討したので，以下に報告する．**（文章の主題）**

東京の8月平均気温の変化（1890年～2018年）を図1に示す[1]．図には一次近似線と近似式をあわせて示す．平均気温は年ごとに変化はあるが，一次近似線は上昇傾向を示す．近似式によれば，東京の平均気温は

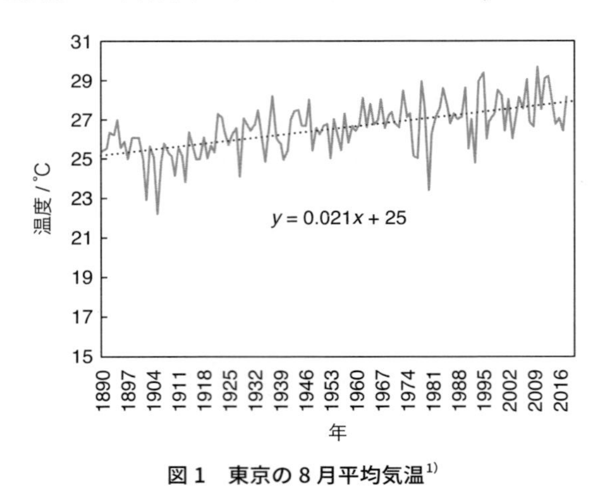

図1 東京の8月平均気温[1)]

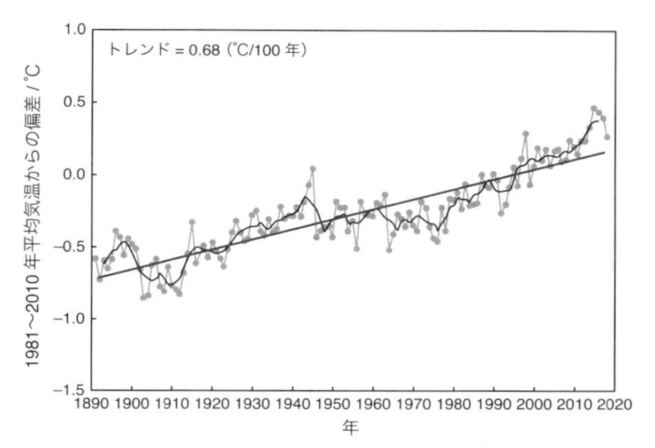

図 2　世界の 8 月平均気温偏差[2)]

曲線（黒）は各年の平均気温の基準値からの偏差を，曲線（灰色）は偏差の 5 年移動平均値を，直線は長期変化傾向を示す．基準値は 1981 ～ 2010 年の 30 年平均値である．

ここ 100 年で 2℃ 上昇したと考えられる．これは東京の夏は以前より暑くなったことを示す．**（データの提示）**

このデータを世界の気温変化と比較する．世界の 8 月の平均気温偏差(1890 年～ 2018 年)を，図 2 に示す[2)]．

世界の 8 月平均気温の基準値からの偏差（黒の曲線）と，偏差の 5 年移動平均値(灰色の曲線)は，東京のそれと同様に，年ごとに変化はあるが，長期傾向（直線）は上昇傾向を示しており，偏差は 100 年で 0.68℃ 上昇している．これは東京の 8 月平均気温の変化と同様であり，両者とも 8 月平均気温は上昇傾向である．**（エビデンスを提示し，データと比較して考察する）**

したがって，① 東京も世界も 8 月平均気温は上昇傾向にあること，および② 両者とも以前より夏が暑くなったことがわかった．**（結論）**

文献**（出典の提示）**

[1)] 気象庁 HP **（データとエビデンス図で提示）**
URL：https://www.data.jma.go.jp/obd/stats/etrn/view/monthly_s3.php?prec_no=44&block_no=47662

[2)] 気象庁 HP
URL：https://www.data.jma.go.jp/cpdinfo/temp/aug_wld.html

2.2　表題に続いて本文がある　ステップ1

先生　「理系文は一般的に**【文例 2-1】**のような構造になっています．表題があり，本文が続きます．本文中に図や表をもつものもありますし，データなどの出典を引用文献で示しているものもあります．この文例ではデータを示す図が二つあり，最後に引用文献がついています」

志穂　「はい，このような文章はよく見ます」

2.3　本文はパラグラフからなる　ステップ1

先生　「本文は**パラグラフ**から構成されます．本文をスマートフォンにたとえると，パラグラフはディスプレイや CPU などの部品に対応します．パラグラフは文が集まってできます．なので，文は文章の単位と言えます．文はいくつかの言葉からなっており，句点(．または。)で終わります．原則として主語と述語をもちますが，主語のない文もあります．

　上で述べたように，パラグラフは文がいくつか集まってつくられます．パラグラフの最初は一文字下がっており，最後は多くの場合スペースが空いています．次のパラグラフはやはり一文字下がっていますから，パラグラフを見つけるのは簡単ですね」

悠人　「先生，ブログとかで見るような文章では一字下げがなくて，一行空いているものもありますね」

先生　「そうですね．確かにブログなどの web 文章ではそのような形式のものもありますが，印刷された文章では行を空けないで一字下げてパラグラフを示します．

　パラグラフは重要です．理系文に限らず，論理的な文章は著者が何かを読者に伝えたくて書くものです．ここでは著者の伝えたいことを**著者の主張**と言いましょう．主張はいくつかの**要素となる主張**から組み立てられてできます．パラグラフはこの要素となる主張が一つ書かれたものです．その主張を集めて，論理的に組み立てたものが文章で，文章全体として著者の主張が述べられています．それを構成するものがパラグラフに書かれているのですから，パラグラフを理解することは著者の主張を理解する第一歩なのです．だから，パラグラフが重要なのです」

2.4　文章の全体像　ステップ 1

先生　「文章の全体像を図 2-2 に示します」

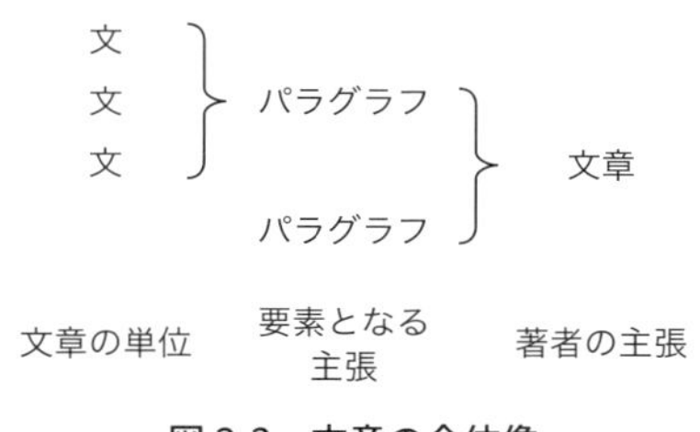

図 2-2　文章の全体像

聡　「何か難しいですね．頭が混乱してきました．この文章は四つのパラグラフから構成されているから，文を構成する要素は四つあって，著者の主張はその四つからなるということですか？」

先生　「そうです．第 1 パラグラフと第 4 パラグラフは，それぞれ文章の主題と結論で，第 2 パラグラフと第 3 パラグラフにデータとエビデンスに関する主張が書かれています．また，このことは文章を書くときにも重要です．読むことと書くことはつながっていますから，読解力が強くなると文章を書く力も強くなります．これは覚えておくとよいです」

聡　「そうだったんですね．今まで考えたことがなかったです」

先生　「パラグラフの重要さはこのあと何度も出てきます．今はまず**パラグラフが重要**だということだけ，覚えておいてください」

2.5　理系文の構造（その2）　ステップ1

先生　「論理的な文章は筋道が通っています．つまり論理的につくられていて，一定の形式と論理構造をもっています」

聡　「何だか頭が痛くなってきました．論理とか構造とかって面倒くさそうですね」

先生　「まあまあ，科学や工学では論理や構造という言葉はいつも出てきますよ．論理 = **筋道**，構造 = **組み立て**と考えると，文章の筋道がどのように組み立てられているか，ということですから，難しくないでしょう」

悠人　「うーん，わかったような，わからないような…」

先生　「まあ，ともかく説明を聞いてみてください．図2-3に理系文の構造の例を示します」

図2-3　理系文の構造

先生　「実はもう一つの構造がありますが，それは後ほど（第5章）お話しします．ここではこの構造で説明します．

文章は図2-3のように主題，展開，結論からなります．主題の前に前振りや，結論の後に補足・引用文献がつくこともあります．つかないこともありますので，この二つは破線で囲っておきました．

前振りがなければ，冒頭に主題が提示されます．**主題**とは，その文章で著者が伝えたいことの核心です．著者は何かあることについて読者に伝えたいことがあります．だから文章を書くのです．主題とはその伝えたいことは何かを簡潔に記したものです．『今から○○について書いていく』と言えばわかりやすくなりますね．

主題を受けて**展開**が続きます．主題について説明したり，例を示したり，主題に関することを書きます．データを出してそれを説明したり，データが何を示すのかも示されます．データの解釈などの根拠や証拠（エビデンス）を示して考察することも行います．

結論は，展開で記したことや考察から得られた結論を述べます．要するに『言いたいことは□□だ』ですね．結論は主題と対応しています．

前振りが置かれるのは，主題に関することを書いて，それに読者がなじんでから主題を言いたいのです．いきなり主題が出されると読者がびっくりするかもしれないという著者の気づかいがあるんでしょう．

補足はこの文章に関する何らかの情報を示します．**引用文献**は文章で示したデータやエビデンスの出典を示します．信頼のおけるところから情報を得ていることを示すためです」

聡　「今読んだ【文例 2-1】だと，どのパラグラフが主題，展開や結論になりますか？」

先生「よい質問ですね．【文例 2-1】の論理展開を**図 2-4** に示します．

【文例 2-1】は，四つのパラグラフからできていることは，聡君が指摘したとおりです．文章の主題は第 1 パラグラフです．この文では第 1 パラグラフは一つの文で，これが文章の主題です．つまり『東京の夏の暑さは世界のそれと同じなのかを，東京の 8 月平均気温の経年変化と，世界の 8 月平均気温偏差と比較して検討したので，以下に報告する』ですね．第 2 パラグラフと第 3 パラグラフは展開です．第 2 パラグラフはデータを提示しており，第 3 パラグラフはデータについて考察するための根拠（エビデンス）が示されて，それを使って考察されています．第 4 パラグラフは結論です．結論は主題と対応していることがわかりますね．そして，この文章には引用文献がついています」

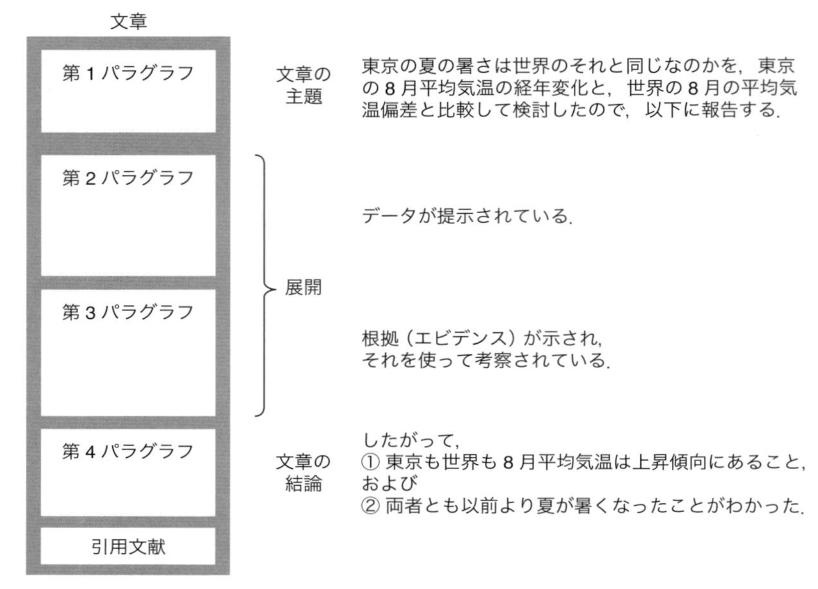

図 2-4 【文例 2-1】の論理展開

志穂 「この文章の著者は『東京の夏の暑さは世界のそれと同じなのかを』知りたくて『東京の8月平均気温の経年変化と，世界の8月平均気温偏差と比較して検討した』のですね．その結果明らかになったことは『① 東京も世界も8月平均気温は上昇傾向にあること』と『② 両者とも以前より夏が暑くなったこと』だった．うん，東京の夏は以前より暑くなっていて，それは世界と同じ程度なんですね．そっかぁ…暑い夏はイヤなんだけどなぁ」

悠人 「この文章には図が二つあって，どちらも右肩上がりの線が描かれているから，直感的にわかるような気がします．でも，言葉をたどっていっても先生がおっしゃったことがピンと来ないんです」

先生 「そうですよね．では，これから2日間かけて理系文の読み方を学びましょう．三人とも，あさってには見違えるように理系文がよく読めるようになりますよ」

聡　「本当ですか．僕でもできますか？」

先生　「本当ですとも．でも，文章をにらんでいるだけでは，著者が言いたいこと(文章の主題と結論)を理解するのは難しいでしょう．文章をいろいろな角度から解析して読み進めるとわかるようになります．解析には筆記用具を使いますから，いろいろな色の筆記用具を用意するといいですよ．鉛筆でもボールペンでも何でも構いません．紙も使いますが，それはこちらで用意しておきます」

志穂　「わかりました」

先生　「では早速，明日の午前9時から始めましょうか」

聡　「がんばります！」

先生　「また明日元気で会いましょう．それでは皆さん，さようなら」

三人　「さようなら」

第3章
パラグラフ(段落)は小さな世界

3.1　パラグラフは構造をもつ　ステップ1

2日目の朝.

志穂　「おはようございます．お約束した時間よりはちょっと早いですが，お邪魔してもよろしいでしょうか」

先生　「おはよう．皆さん，晴れやかな顔をしていますね」

悠人　「はい．今日はよろしくお願いします！」

先生　「では始めましょう．今日はパラグラフの読解法について説明します．まず，パラグラフの構造を説明して，次にその読解法を説明しましょう」

聡　「えぇっ，いきなり構造ですか．面倒くさそう…」

先生　「そう，構造です．構造は文法の一つです．そして文法は言葉や文章の法則です．私たちは科学を学ぶとき，まずは科学の法則を理解しますよね．それと同じで，文章を理解するには，文章の法則である文法を理解するのが近道です」

聡　「うぅん…それなら仕方ないか．わかりました」

先生　「昨日（第2章），理系文はいくつかのパラグラフから構成されると言いました．パラグラフは複数の文の集合体であり，一つのパラグラフには著者の主張（言いたいこと）が一つ記されます」

聡　「あれ，先生は昨日（第2章），『文章は著者の主張が書かれている』とおっしゃいました．『文章の主張』と『パラグラフの主張』とは，どこが違うんですか？」

先生　「よい質問です．文章は『著者が読者に伝えたいこと（主張）』が書かれています．それは，いくつかの要素となる主張からなっています．この**要素となる主張**が一つ盛り込まれているのがパラグラフです．その主張を論理的に組み立てて，文章全体として著者が伝えたいことができあがるのです．このことは第2章でも簡単に説明しましたが，明日，文章を読解するときにも出てきますので，そのときにもう一度説明しましょう．パラグラフに書かれる主張は，文章全体の主張を構成する一要素と理解してください．そういう意味で，パラグラフは，理系文に限らず論理文の重要な要素なのです」

3.2　パラグラフの構造はタイプAとタイプBの2種類　ステップ1

先生　「パラグラフの構造を図3-1に示します．パラグラフには二つの構造，

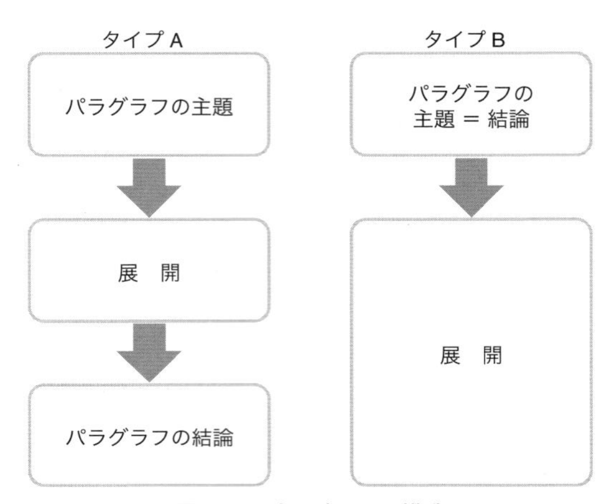

図3-1　パラグラフの構造

タイプAとBがあります

タイプAは**主題ー展開ー結論**という構造です．**主題**は著者がこのパラグラフで言いたいことでしたね．『○○について述べたいことがある』という感じでしょう．主題を受けて**展開**はそれについて順番に説明していきます．つまり，主題に対して読者が読んだときに浮かぶかもしれない疑問に答えていくわけです．展開では，主題を説明したり，具体例，データやエビデンスを示したり，考察が書かれ，**結論**へと導かれます．最後に置かれる結論は，著者の主張です．『言いたいことは□□だ』にあたる箇所で, 主題と結論は対応しています．もう一つのタイプBは**(主題＝結論)ー展開**という構造で，**主題＝結論**が最初に置かれ，一番初めのパラグラフが著者の主張そのものを述べます．続いて，その結論に至る道筋を**展開**で述べていきます．この構造では，結論が文章の最後に置かれることはありません．

主題が書かれている場所は，一般的には最初のパラグラフ，もしくは最初のパラグラフから二つ目までのうち，またはそれらパラグラフ中の文節にあったりします．一方でパラグラフの最後に置かれる結論は，最後の文やその中の文節に位置することが多いです．

なお，主題の前に『前振り』が置かれることや，結論の後に『補足』が置かれることもありますが，ここでは省略します」

志穂　「タイプAとB，それぞれの特徴は何ですか？」

先生　「タイプAでは『○○について述べる』と主題が最初に提示されます．主題から結論への経過がわかりやすい文章です．タイプBでは『○○は□□だ』と結論が最初に提示されますから，著者が最も伝えたいことを初めから把握して読めます．それぞれにメリットがありますね．

この構造は，そのままパラグラフの論理構造でもあります．論理展開という言葉ではイメージしづらいようなら，話の展開と考えるのがよいでしょう．タイプAでは，まず主題を提示して，詳細をパラグラフで述べることを示し，いろいろな観点から主題を議論する展開を経て，結論へと導きます．タイプBでは最初に結論を述べ，展開ではそれについて説明します．パラグラフの論理展開をどう読むかはパラグラフの解析がひととおり済んだら話しましょう」（3.13　パラグラフの論理展開で解説）

志穂　「わかりました」

3.3　パラグラフの文例を読む　ステップ1

先生　「具体例を出して詳しく説明しましょう．タイプAとBの文例を，それぞれ示します．主題と結論には下線を引いてあります．皆さんも主題や結論に下線を引きながら読むと，パラグラフの理解が早くなるでしょう」

【文例 3-1】（タイプA）　土星の衛星タイタンは不思議な星だ

土星の衛星タイタンは不思議な星だ．その地表は液体メタンの川が流れ，湖もつくる．固体の水(氷)が山や岩石を形成している．窒素を主成分とする大気の気圧が1.5気圧と高く，気温は −180℃ という低温だからだ．大気圏では風が吹きメタンの雨も降る．さらに，アセチレン，エチレン，シアン化水素やシアン化ビニルも見つかっている．生命誕生が可能となる物質がタイタンにもあるのだ．まるで異質な地球のようだ．タイタンは探索すべき価値がある．

先生　「**【文例 3-1】**は最初に『主題』が提示されて，最後に『結論』が置かれています．主題は『土星の衛星タイタンは不思議な星だ』ですね．タイタンに対する著者の関心を示しています．この主張によって，読者はタイタンに関する何かが書かれていると考えます．つまり『不思議な星だ』とは何だろうと，読者を誘導します．『展開』では，その疑問に答えて，タイタンの地表，大気圏の状況や存在する化学物質について説明されています．『地表は液体メタンの川が流れ，湖もつくる』などです．それらを受けて『異質な地球のようだ』と述べます．最後に『タイタンは探索すべき価値がある』と結論づけています．

　なお，メタンの融点と沸点は，常圧下でそれぞれ −182.5 ℃ と −161.6 ℃です．タイタンは気圧が 1.5 気圧で，気温が −180 ℃ですから，メタンは液体になっています．川になり湖もつくれますし，雨にもなりますね」

志穂　「タイタンってすごい星ですね！　先生のおっしゃるとおり，この文章では，最初に主題『土星の衛星タイタンは不思議な星だ』が示されています．なので，私たちはこのパラグラフはタイタンについて書かれていると予測できますし，不思議な星，タイタンって何だろうと興味をもって読み進めることができます」

先生　「それが主題の役目です」

悠人　「主題を受けて，タイタンの状態が書かれ，構成物が違うけれど見かけ上は地球と似ていると書かれているから，結論がすんなりと頭に入ってきます．確かに『タイタンは不思議な星』で，『探索すべき価値』がありますね」

先生　「そのとおりです．次は**【文例 3-2】**を読んでみましょう．このパラグラフは『主題＝結論』が最初に置かれています．文例にある IPCC は，気候変動に関する政府間パネルで，気候変動に関して科学的・技術的・社会経済的な評価を行う国際機関です」

【文例 3-2】（タイプ B）　海洋の温暖化の影響

　二酸化炭素による気候変動は，海洋にも大きな影響を及ぼしており，有効な対策が早急に必要である．海洋は大気中の二酸化炭素の 20 〜 30% を吸収している．近年，海水に吸収される二酸化炭素量も増大している．二酸化炭素は海水に吸収されると炭酸に変化し，弱酸性を呈し pH は低下する．IPCC は，海洋の pH は産業革命当時より 0.1 低下したと報告している．今後 pH はさらに低くなるだろう．酸性化が進むと，炭酸カルシウムの殻をもつ生物（サンゴ礁など）が影響を受ける．IPCC

は，すでに世界のサンゴ礁の約30%が崩壊寸前であると報告している．生物界の変化が進行しているのだ．

聡 「IPCCは知ってますよ！ 環境科学の講義でよく出てきますし，ネットでもよく見かけます．気候変動の原因は二酸化炭素だってことも聞いています．温暖化は海洋にも影響を与えているってことですか？

【文例3-2】の『主題＝結論』はパラグラフの最初の文，『二酸化炭素による気候変動は，海洋にも大きな影響を及ぼしており，有効な対策が早急に必要である』ですね？」

悠人 「『展開』は，主題(結論)の『海洋への影響』と『対策』が必要な理由を説明しています．確かに『海洋にも大きな影響を及ぼし』て『有効な対策が早急に必要である』といきなり言われても『ええー,何それ？』って思うし，受け入れづらいです．海洋に二酸化炭素が溶け込んでpHを下げることが説明されると『影響』とは何かがわかります．『サンゴ礁の約30%が崩壊寸前である』とデータの出典がIPCCであることとともに示されているので，正確な情報だと納得できます．『生物界の変化が進行している』のだから，結論の『有効な対策が早急に必要である』はすんなりと理解できます．結論が最初にあるから著者の言いたいことがよくわかります」

先生 「二人とも，よく読み解きましたね．論理的な文章では，パラグラフ内の展開は筋道立てて書かれています．つまり，主題が最初にある【文例3-1】のような文章では，主題を受けて文が論理的につながって結論に至ります．【文例3-2】のように『主題＝結論』で，結論が最初に置かれている場合は，その結論が得られるまでの道筋が論理的につながるように書かれています．たとえば，言葉を定義し，具体例を示します．データやエビデンスを示して，それらに基づいた議論が書かれます．何かにたとえることもあるでしょう」

悠人 「僕としては，とくにデータを示してもらえることで，文章の説得力が増すし，著者が何を言いたいのかをより鮮明にわかるようになります」

先生「気づきを得られたなら何よりです．ただし，データの出所が信頼のおけるところなのかは，必ず確認するようにしてください．**【文例3-2】**では，出典はIPCCですから信頼がおけますね」

3.4　練習問題――タイプを調べる　ステップ1

先生「パラグラフの二つのタイプがわかったら，次は実際に，タイプを見分ける練習をしてみましょう．パラグラフを読解するには，まずパラグラフのタイプが見分けられると，楽に読み進められるようになります．そこで，練習問題をやってみましょう．次の文章（**練習問題3-1**）は1パラグラフからなり，酸の性質について述べたものです．このパラグラフは『タイプA』か『タイプB』かを皆さんで相談して調べてみましょう」

練習問題3-1　酸の性質

酸は水に溶けて水素イオンを放出する物質である．たとえば，塩酸，硫酸や酢酸などである．家庭でクリーニング剤として用いられるクエン酸も酸の一種だ．酸の水溶液は，一般的に亜鉛などの金属と反応する．このとき，金属は酸化されて金属イオンになり水に溶け込み，水素イオンは還元されて水素になり気体として検出される．ただし，反応性が乏しいまたは反応しない酸と金属の組み合わせもある．酸の強さはpH（水素イオン指数）で示される．酸性の水溶液のpHは7以下を示し，酸性が強いほどpHは小さい（水素イオン濃度が大きい）．正確なpHの値はpHメーターで測定するが，大まかな値はpH試験紙の色変化でも調べられる．

志穂「やってみましょう．うーん…最初の文『酸は水に溶けて水素イオンを放出する物質である』は酸とは何かを述べているよね．その次からの文はまず酸の例が書いてあって…」

聡　「次の『酸の水溶液は……検出される』は，酸の性質が書いてある」

悠人「それから，pH の説明と測定法が書かれているね．『たとえば……』は酸の種類が書かれているけど，それ以下の文はすべて，水素イオンと関連づけた酸の説明だよね」

志穂「ということは，最初の文は『主題＝結論』になっていて，それ以下の文は『主題＝結論』の説明と言えそうね」

聡　「なるほど．だから，最後の文も酸の説明をしているんだね」

悠人「ということは，このパラグラフはタイプＢだ！」

先生「そのとおりです．パラグラフをよく読みました」

悠人「先生のおかげです．文章はこんなに読みやすくできるのですね！すらすら読み解けました」

3.5　パラグラフを解析する ――解析手順は四つ　ステップ2

志穂「ただ，このパラグラフはわかりやすかったけれど，実際に読むと論理がどのようにつながっているのか，ピンと来ないときも多いです．難しいパラグラフなんて，面倒になってスルーしちゃいます」

悠人「先生，僕もそうです．いつもサクサク読めるわけではありません．むしろ読めないときのほうが多いです．話のつながり，いえ，論理のつながりがわかりやすくなるコツはありませんか？」

先生「その悩みを解決するには，文章の展開に注目してみましょう．展開を構成するいくつかの文は，それぞれ意味合いが異なりますね．私はこれらを**パーツ**と呼んでいます．まずは，これらパーツがどのような意味をもち，どのように主題から展開して結論につながるのかを理解することが，解決への手がかりになります．つまり，タイプＡ（主題―展開―

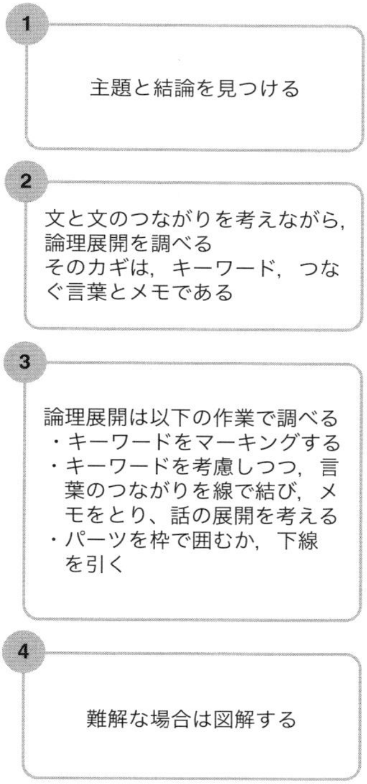

1 主題と結論を見つける

2 文と文のつながりを考えながら，論理展開を調べる
そのカギは，キーワード，つなぐ言葉とメモである

3 論理展開は以下の作業で調べる
・キーワードをマーキングする
・キーワードを考慮しつつ，言葉のつながりを線で結び，メモをとり、話の展開を考える
・パーツを枠で囲むか，下線を引く

4 難解な場合は図解する

図 3-2　パラグラフ解析

結論)，またはタイプ B〔(主題＝結論)ー展開〕の文の論理関係を理解するのです．私はそれを**パラグラフ解析**と言っています．具体的な方法を図 3-2 に示しました．

さらに Point を書き加えましょう．図 3-2a を見てください．

パラグラフ解析でカギとなるのは，図 3-2a に示した中でも，とくに③の内容になります．まず，**キーワード**とは，パラグラフの中で書き手の主張に関連する言葉で，多くの場合，一つの文に一つ含まれます．

つなぐ言葉とは，前の文と後ろの文をつなぐ役目をもつ言葉です．あまり聞きなれない言葉かもしれません．その種類と例を図 3-3 に示します．

つなぐ言葉は，図 3-3 に示すように 4 種類あります．『すなわち』『し

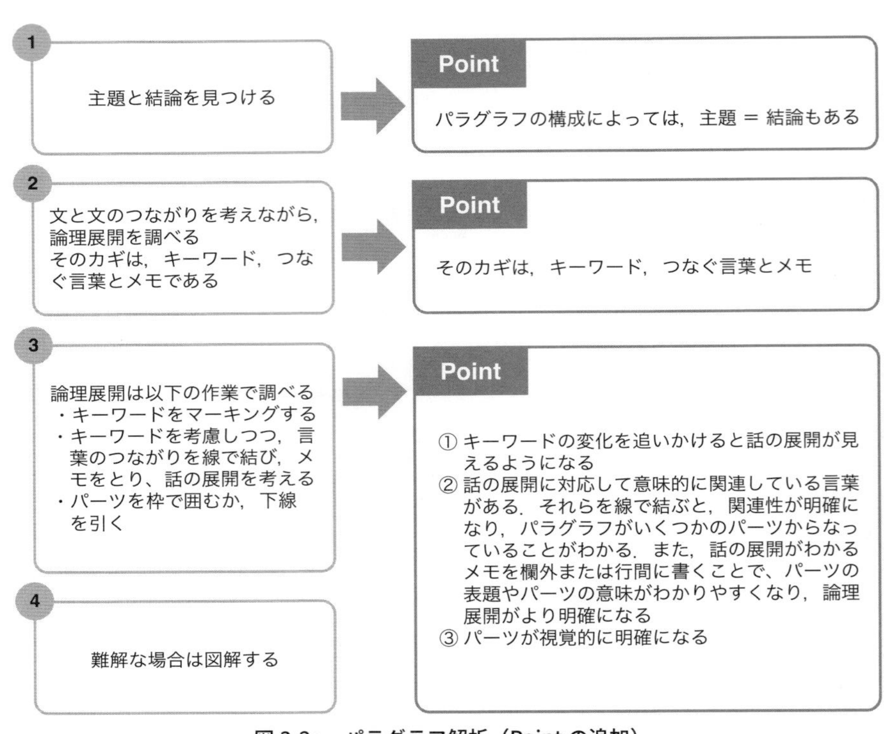

図 3-2a　パラグラフ解析（Point の追加）

たがって』などの接続詞はよく使うでしょう．『一方』『たとえば』などの言葉も文をつなぎます．私はこのような言葉を接続語と呼んでいます．さらに『その』『あの』などの連体詞や『これ』『あれ』などの代名詞も

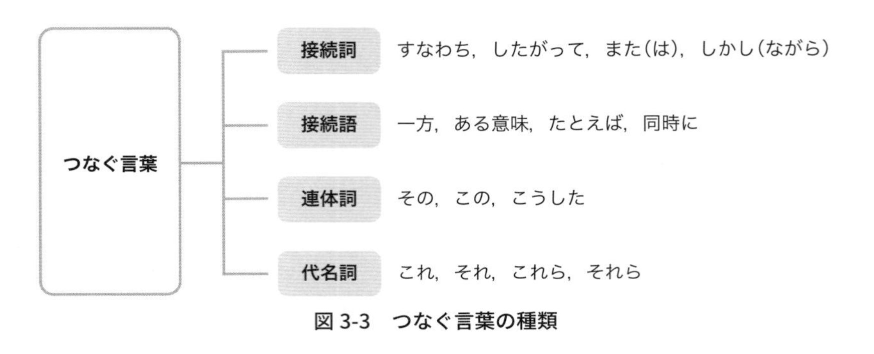

図 3-3　つなぐ言葉の種類

文をつなぎます．これらつなぐ言葉は，**【文例 3-1】**や**【文例 3-2】**，これから取り上げる文例で多く出てきますから，その都度確認してみてください．大雑把ですが，私の調査によると文と文がキーワードでつながっているのは約 60% で，つなぐ言葉でつながっているのは約 40% です．一つの目安になると思います．

ほかにも，文章を読みながら欄外や行間などの余白に**メモ**をとることも理解を深めます．もちろん，ノートなどを用意してそれにメモをとってもよいです．先ほどお伝えしたとおり，展開はいくつかのパーツからできています．おもには主題の説明や例示などです．そのパーツが説明なのか，例示なのか，その種類をメモするとより読みやすくなるはずです．さらに，読みながら考えたことや感想をメモすることも読解を助けます」

3.6　主題と結論を見つける　ステップ 2

先生　「【文例 3-1】を使って**パラグラフ解析**をしてみましょう．この文例は『主題—展開—結論』の構造です．解析方法をマスターするのに適していると思います．この方法は『(主題＝結論)—展開』のタイプ B の構造でも使えますよ．

まず，このパラグラフの主題と結論を見つけます．第 1 文付近を注目してみましょう．第 1 文は『土星の衛星タイタンは不思議な星だ』と『タイタン』が提示されており，しかも『不思議な星だ』と何やら意味深長な言い方です．第 2 文はタイタンの地表について書かれており，タイタンを受けた具体的な記述になっています．第 1 文と第 2 文の関係から見ると，第 1 文が主題のようですし，前振りはないようです．

最後の文は『タイタンは探索すべき価値がある』とありますので，どうやらこれは『タイタン』についての結論と読み取れます．

そうして，もう一度このパラグラフを見直してみると，第 1 文が主題，最終文が結論の構造と理解できます．なので，このパラグラフは主題—展開—結論という構造ですね」

志穂　「なるほど，とてもすっきりしました．ちなみに，先生が『第１文付近を注目します』とおっしゃったのは，文章で主題に入る前に『前振り』が置かれることがあるからですか？」

先生　「志穂さん，さすがですね．そのとおりです．日本語文では，主題の前に『前振り』が置かれることがあるのは，昨日お話ししたとおりです（第２章）．多くの場合『前振り』は，パラグラフの第１文か第２文に書かれているので，まずは第１文付近を確認するのがよいでしょう」

志穂　「だんだんコツがわかってきました．あとは，タイプＡ『主題ー展開ー結論』とタイプＢ『（主題＝結論）ー展開』の違いは，具体的にはどうやって見分けるのですか？」

先生　「パラグラフの最終文付近を見てみましょう．そこに主題に関する何らかの判断や意見，つまり『結論』が書かれていればタイプＡ『主題ー展開ー結論』で，そうでなければタイプＢ『（主題＝結論）ー展開』と考えてよいでしょう．なお，日本語文では結論の後に補足や次のパラグラフを呼ぶ文があり，私はこれを呼び水と言っています．この『呼び水』が置かれることがありますので，注意してください」

志穂　「わかりました．『呼び水』には要注意ですね．タイプＡとタイプＢも，区別できるようになりそうです．ありがとうございます」

3.7　キーワードを見つける　ステップ２

先生　「さて，皆さん．先ほどご覧いただいた図 3-2 に**キーワード**という言葉がありましたね．次はこのキーワードを見つける方法を説明しましょう．キーワードは論理展開を把握するためのカギで，主題（または主題＝結論）にあります．原則として，一つの文には一つのキーワードがあります．たとえば**【文例 3-1】**では，主題に『タイタン』が提示されています．このあと『タイタン』について説明が続きますから『タイタン』がキーワードになるとわかりますね．パラグラフ内ではキーワードであるタイタンを別の言葉を使って示しています．キーワードを四角い枠で囲って以下に示します．**【文例 3-1】**ではすべての文に一つキーワードがあります．文で出てきたキーワードは，その後ろに続く文のキーワードと関連づいています. 前後にある文の意味がつながることを意識して，改めて**【文例 3-1】**を読んでみましょう」

【文例 3-1】のキーワード

土星の衛星タイタンは不思議な星だ．その地表は液体メタンの川が流れ，湖もつくる．固体の水（氷）が山や岩石を形成している．窒素を主成分とする大気の気圧が 1.5 気圧と高く，気温は −180℃という低温だからだ．大気圏では風が吹きメタンの雨も降る．さらに，アセチレン，エチレン，シアン化水素やシアン化ビニルも見つかっている．生命誕生が可能となる物質がタイタンにもあるのだ. まるで異質な地球のようだ. タイタンは探索すべき価値がある.

悠人「なるほど．こうしてみると，先生がおっしゃったとおり，キーワードは一つの文に一つありますね．また，主語と結論に線を引いたとき，志穂さんが指摘してくれたように, 主題で『タイタン』が示されることで，このパラグラフはタイタンのことが書かれていると予測できます．続く第 2 文の『地表』は, タイタンの地表のことだし, 第 3 文の『山や岩石』は『タイタン』の『地表』をより具体的にしたものですね．ということは，第 2 文から第 3 文までは『地表』のことが書かれているんですね. でも第 4 文になると，キーワードは『大気』になっている.『タイタン』の地表の話から大気の話へ変わっていくのかな？」

聡「そうなんだよ．悠人君のいうとおり，ここで話が変わるんだよね. 第 5 文は『大気圏』となっているから，第 4 文と第 5 文は『大気』の話をしているってことだよね．そんなふうにキーワードが変わっていくと考えていいんですか？」

先生「そうです．パラグラフ内で話が展開していくのに伴い，キーワードは変わっていきます」

悠人「そうすると，第6文と第7文のキーワードを，それぞれ『アセチレン……シアン化ビニル』と『生命誕生……物質』と考えていいんですね．それだと，この2文は生命誕生に関することについて書かれていると読み取れます」

志穂「これらを受けると著者がタイタンを『異質な地球のようだ』と表現した意味がわかります．地球では水の川があるのに，タイタンでは液体メタンが川をつくるんですね．確かに『異質の地球』です．だから結論の『タイタンは探索すべき価値がある』のですね．よくわかりました」

3.8　キーワードを追いかけて話の展開(論理展開)を理解する　ステップ2

先生「皆さん，すばらしいですね．このようにキーワードを追いかけていくと，話の展開，つまり**論理展開**が理解できるようになります．では，もう一度，図3-2を見てください．

皆さんには，図3-2の③にあるように，【文例3-1】のキーワードをマーキングしていただきました．次は，言葉のつながりを線で結び，メモをとりながら，【文例3-1】の論理展開を考えていきましょう．キーワードをマーキングすることで，キーワードが文と文の意味をつなぐことがわかったと思います．このキーワードを手がかりとして，言葉のつながりと関係を考えます．

主題が書かれている第1文(主題文)には，キーワード(タイタン)のあとに『不思議な星』とあります．『タイタンは不思議な星』とあるだけでは，意味がよくわかりませんね．なのですぐそばに『なぜ？わからない』と**メモ**します．その不思議さをそのままもって読み続けます．第2文ではキーワードが『地表』に変わりますので，第1文の『タイタン』と『地表』を矢印で結びます．第3文でキーワードは『山や岩石』になりますので『地表』と『山や岩石』を矢印で結びます．主題を受けて，第

2 文と第 3 文は地表のことが書かれていますので『① 地表の話だ』と行間にメモを書き込みましょう．この作業を最後の文まで続けます．そうすると，第 4 文と第 5 文は『大気』に関する内容であることがわかり，第 6 文と第 7 文は『生命』に関する内容だとわかります．そうすると，このパラグラフは，主題を受けた展開でタイタンの① 地表，② 大気，③ 生命について説明していることがわかります．確かにタイタンは『異質な地球』のようですから『探究すべき価値』があると納得できますね．このように，言葉のつながり・関係を線で結んで考えると，素直に話の流れ，つまり論理の展開，難しい言葉で言うと論旨を理解できますし，結論に納得できます．だから，欄外に『わかった！なぜが解決できた』と書き込めるのです」

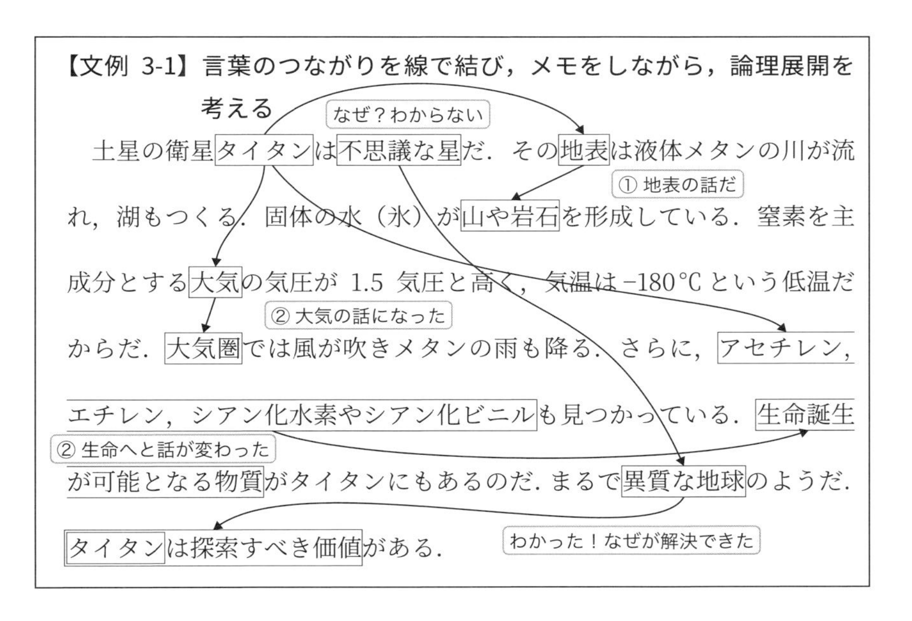

【文例 3-1】言葉のつながりを線で結び，メモをしながら，論理展開を考える

聡　「先生のおっしゃっていた展開のパーツは，① 地表（第 2 文，第 3 文），② 大気（第 4 文，第 5 文），③ 生命（第 6 文，第 7 文），④ 異質な地球（第 8 文）だと考えられます．主題を受けて，①，②，③と話が進み，④にまとまっていくことで結論へと導かれますね」

悠人 「メモを見るとタイタンの話がどのようになっていくのか，わかりやすいです．メモは大事なんですね」

志穂 「先生，キーワードへのマーキングはひと通りすべてやったほうがいいでしょうか？　あと，先ほどの文のつながりはたくさん枠や線が書かれていますが，自分でわかる程度に簡単にしてもよいのでしょうか？」

先生 「全部やってもいいし，やらなくてもよいです．パラグラフを理解することが目的ですから，キーワードをマーキングして理解できれば，それで構いません．また，線の一部を省略してもよいです．これらの作業はあくまでも自分がパラグラフを理解するためのものですから」

悠人 「メモだけでもいいんですか？」

先生 「もちろんです」

3.9 パーツを枠で囲む　ステップ2

先生 「さて，次は**パーツを枠で囲む**（図 3-2 ③）をやってみましょう．いま検討したパラグラフは，皆さんが読み解いたように，展開は四つの意味をもつパーツに分かれます．それを枠で囲ってはっきりさせるのです．すると，こんなふうになります」

【文例 3-1】パーツを枠で囲む

土星の衛星タイタンは不思議な星だ．その地表は液体メタンの川が流れ，湖もつくる．固体の水（氷）が山や岩石を形成している．窒素を主成分とする大気の気圧が 1.5 気圧と高く，気温は −180 ℃ という低温だからだ．大気圏では風が吹きメタンの雨も降る．さらに，アセチレン，エチレン，シアン化水素やシアン化ビニルも見つかっている．生命誕生が可能となる物質がタイタンにもあるのだ．まるで異質な地球のようだ．タイタンは探索すべき価値がある．

先生　「これに『主題』『結論』に該当する箇所がどこかを書き込み，メモをつけると，よりパラグラフの論理展開がわかりますね」

聡　「ついさっきやってみた，パラグラフの解析結果が一目でわかるし，話がどのようになっていくのかがわかりますね」

3.10　論理展開を図解する　ステップ 2

先生　「これをもっと構造がわかりやすいように図解したのが図 3-4 です．パラグラフの構造と論理展開が一目瞭然でしょう．この方法は，先ほどのように読解を進めていっても，納得しにくいとき，つまり難解なパラグラフに当たったとき，実施すると有効です．通常はここまで丁寧にしなくても，上の作業のどれかを行えば論理の展開（論旨）はわかるでしょう．

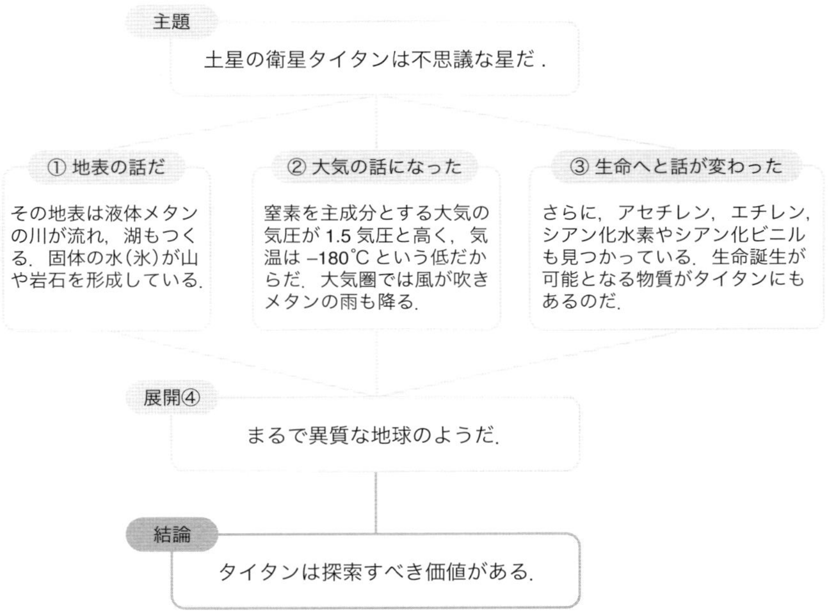

主題
土星の衛星タイタンは不思議な星だ．

① 地表の話だ
その地表は液体メタンの川が流れ，湖もつくる．固体の水（氷）が山や岩石を形成している．

② 大気の話になった
窒素を主成分とする大気の気圧が 1.5 気圧と高く，気温は –180℃という低だからだ．大気圏では風が吹きメタンの雨も降る．

③ 生命へと話が変わった
さらに，アセチレン，エチレン，シアン化水素やシアン化ビニルも見つかっている．生命誕生が可能となる物質がタイタンにもあるのだ．

展開④
まるで異質な地球のようだ．

結論
タイタンは探索すべき価値がある．

図 3-4　【文例 3-1】のパラグラフ解析（図解）

ちょっと補足しておくことがあります．第4文は意味的には地表の話とつながっていますが，大気のことが書かれているので②に入れておきました．論旨展開の理解には大きな影響はないと思います」

聡　「よくわかりました．でも，文を抜き書きするのはたいへんです．もっとやりやすくできませんか？」

先生　「おやおや面倒がり屋さんですね．それなら，ポイントとなる言葉だけ書いてもよいですよ．たとえば図3-5のようにね」

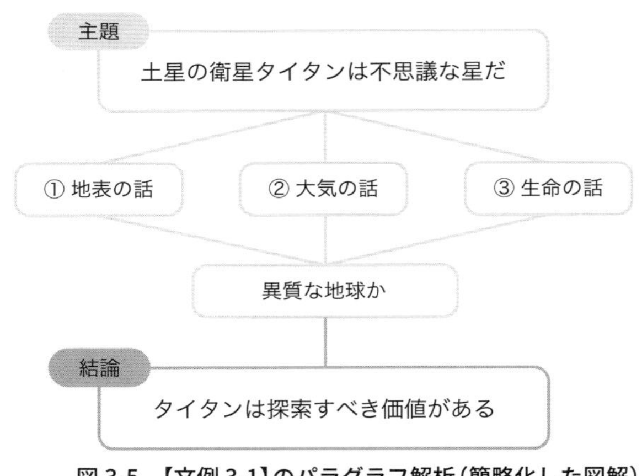

図3-5　【文例3-1】のパラグラフ解析（簡略化した図解）

聡　「なるほど，これだと簡単で，しかもわかりやすいですね．僕はこっちがいいかな」

先生　「このような図解を手書きするのもよいですし，タブレットやパソコンのソフト（パワーポイントやマインドマップなど）を使って描くのもいいでしょう．好みで選んでください」

聡　「次に面倒くさい文章を読むとき，やってみます」

3.11　つなぐ言葉に注目する　ステップ 2

聡　「話が変わりますが，先ほど先生は**つなぐ言葉**に注目するとおっしゃいましたが，具体的にはどの言葉に注目するのですか？」

先生　「よい質問です．第 2 文の『その地表』の『その』は連体詞で，第 1 文の『タイタン』を受けます．『その』があることで第 1 文と第 2 文が素直につながります．それは『その』を取ってみると両文のつながりが悪くなるから，わかりますね」

聡　「そうですね．『その』を取ると, 何の『地表』かちょっと考えますね．『タイタンの地表』ってわかるけれど…」

先生　「第 6 文に『さらに』と接続詞が使われています．ここまでタイタンの地表や大気のことを説明してきて，続けて生命に関することを述べるので『さらに』と話が続くことを読み手に知らせます．ここも『さらに』を取ると，前後のつながりがぎこちなくなるのがわかるでしょう」

悠人　「そのとおりですね．『さらに』がなくなると，うまくつながらない感じがします」

先生　「つなぐ言葉は文字どおり文をつなげますね．

　ここで休憩しましょう．今日はケーキを用意してあります．コーヒーか紅茶で楽しみましょう」

志穂　「わあ！うれしいです．ありがとうございます．いただきましょう」

3.12　練習問題——パラグラフ解析　ステップ 2

先生　「お茶を楽しみましたか？」

聡　「ごちそうさまでした」

悠人　「とても美味しかったです」

先生　「それはよかった．では，続きを始めましょう．

さっそくですが練習問題として，パラグラフを解析してみましょう．今度の文章はなじみがあると思いますよ．図を伴うパラグラフです．このパラグラフを解析して論理展開を明らかにしてください．まず主題と結論を調べ，次に言葉のつながりを線で結び，メモを欄外や行間に書きながら行うとよいでしょう．では，皆さんで相談しながらやってください」

練習問題 3-2　パラグラフ解析——測定における正確度と精度

測定値は正確度と精度で考察する．正確度は正確さとも言い，測定値が真の値にどれだけ近いかを示す尺度である．真の値に近いほど正確度は高い．精度は同じ測定を繰り返したとき，測定値のばらつきを示す尺度だ．測定値が近いほど精度は高い．両者の関係は矢を的に当てることにたとえられる．正確度と精度の両者とも高ければ，真の値に近い結果が得られる．それは図 a に示すように的の中心部に矢が集中して当たることに対応する．しかし，測定値の精度は高いが正確度が低いケースもある．測定値のばらつきは小さいが真の値から離れているのだ．図 b のように的の中心部から離れた位置に矢が当たることと同様だ．さらに，正確度も精度も低いケースだと，図 c のように的の中心部から離れてバラバラに矢が当たっている．正確度や精度が低いときは，測定機器の調整やメンテナンスを行ったり，測定方法を見直したり，測定者を教育すべきだ．正確度も精度も高い測定を目指すのがベストだ．

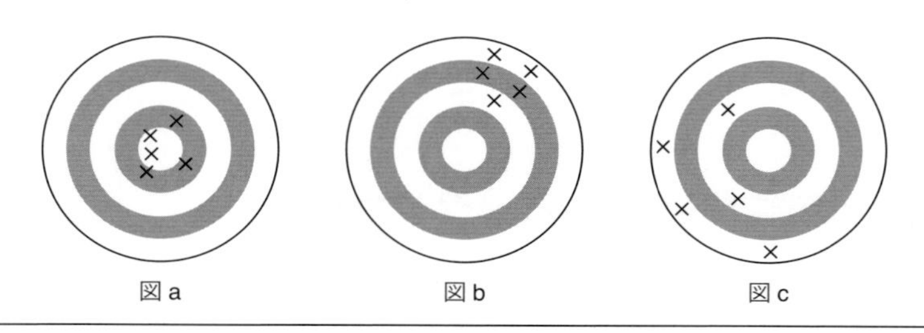

図 a　図 b　図 c

悠人　「正確度と精度の話かぁ．これって大事な内容だってよく言うけど，イマイチわかってなくて…」

志穂　「まずやることは，主題と結論を見つけて，キーワードを追いかけて，言葉を線で結んで，メモして…ちょっと，聡君も悠人君も一緒にやろうよ！」

聡　「志穂さん，待ってよ．急がないでよ」

悠人　「志穂さんの書いたものに書き加えてみてもいい？」

聡　「それはグッドアイデアだね」

志穂　「もちろん，いいよ．聡君もメモしてみて」

聡　「よ～し」

練習問題3-2　言葉のつながりを線で結び，メモをしながら，論理展開を考える

わかるような，わからないような…

（主題）測定値は正確度と精度で考察する．正確度は正確さとも言い，測定値が真の値にどれだけ近いかを示す尺度である．真の値に近いほど正確度は高い．精度は同じ測定を繰り返したとき，測定値のばらつきを示す尺度だ．測定値が近いほど精度は高い．両者の関係は矢を的に当てることにたとえられる．正確度と精度の両者とも高ければ，真の値に近い結果が得られる．それは図aに示すように的の中心部に矢が集中して当たることに対応する．しかし，測定値の精度は高いが正確度が低いケースもある．測定値のばらつきは小さいが真の値から離れているのだ．図bのように的の中心部から離れた位置に矢が当たることと同様だ．さらに，正確度や精度も低いケースだと，図cのように的の中心部から離れてバラバラに矢が当たっている．正確度や精度が低いときは，測定機器の調整やメンテナンスを行ったり，測定方法を見直したり，測定者を教育すべきだ．

的のたとえ

たとえ①

たとえ②

たとえ③

低いときの対応

（結論）正確度も精度も高い測定を目指すのがベストだ．

わかった！

悠人　「こんな感じかな」

志穂　「いいんじゃない？」

聡　「僕もいいと思うよ．パラグラフが長いので，ちょっと面倒だったね．そしたら，志穂さん，みんなを代表して解答をお願いできる？」

志穂　「オッケー！　じゃあ，私が解答します．
　まず，このパラグラフは第 1 文に主題が置かれており，最終文が結論になる構造だと考えました．タイプ A の文章ですね．キーワードは『正確度と精度』で，この言葉が繰り返し出てきますが，違う言葉になっている場合もあったので，それぞれ当てはまる語を四角く枠で囲っておきました．パラグラフの中は意味的に三つのパーツに分かれることが，キーワードをたどり，それらを線で結ぶとわかってきました．第 1 文のキーワードと第 2 文と第 4 文のキーワードを結んでみると，第 2 文から第 5 文までが一つのパーツになっていて，正確度と精度の定義だとわかります．これが第一部です．第二部は第 6 文から第 13 文までで，第 1 文のキーワードと第 6 文のキーワード『両者の関係』を結んで，後の文のこの言葉に関連するキーワードを結ぶとわかりました．『測定値』や的のたとえを示す『図』もキーワードだと考えました．ここでは『正確度と精度の関係』を『矢を的に当てること』にたとえて説明されています．第三部は第 13 文で，正確度や精度が低いときの対応です．第 12 文のキーワードとこの文のキーワードを線で結びました．第三部まで理解すると結論が素直にわかります」

聡　「志穂さんの説明に補足するなら，『高い』『低い』も楕円形で囲うと，正確度・精度や測定値との関係がわかるような気がしました．ここには書いていませんが」

先生　「皆さん見事な読みですね．では，パラグラフ中の三つのパーツを，よりわかりやすくする工夫はないでしょうか？」

志穂　「第二部をもう少し分ければいいんじゃない？　うまく分割する方法って何かないかな？」

悠人　「そうだね．じゃあ第二部を① 的にたとえる，②たとえ (a) 正確度も精度も高い，③ たとえ(b)精度は高いが正確度は低い，④ たとえ(c)正確度も精度も低い，として，パーツの表題として行間に書き込んでみたらどうだろう．僕がやってみるよ．……できた！ どうかな？」

聡 「いいと思うよ．あと，第一部から第三部まで下線を引いてみたらどうだろう？ 僕がやるね．見分けがしやすいように破線と実線を使い分けてみよう．………よし！ 先生, こんなふうになりました．どうでしょうか？ 僕たちの合作です」

練習問題 3-2 パーツに下線を引き，表題を書き込む

測定値は正確度と精度で考察する．正確度は正確さとも言い，測定値
[正確度と精度の定義]
が真の値にどれだけ近いかを示す尺度である．真の値に近いほど正確度は高い．精度は同じ測定を繰り返したとき，測定値のばらつきを示す尺度だ．測定値が近いほど精度は高い．両者の関係は矢を的に当てること
[的にたとえる]
にたとえられる．正確度と精度の両者とも高ければ，真の値に近い結
[たとえ(a) 正確度も精度も高い]
果が得られる．それは図 a に示すように的の中心部に矢が集中して当たることに対応する．しかし，測定値の精度は高いが正確度が低いケー
[たとえ(b) 精度は高いが正確度は低い]
スもある．測定値のばらつきは小さいが真の値から離れているのだ．図 b のように的の中心部から離れた位置に矢が当たることと同様だ．さらに，正確度も精度も低いケースだと，図c のように的の中心部から離れ
[たとえ(c) 正確度も精度も低い]
てバラバラに矢が当たっている．正確度や精度が低いときは，測定機器
[正確度や精度が低いときの対応]
の調整やメンテナンスを行ったり，測定方法を見直したり，測定者を教育すべきだ．正確度も精度も高い測定を目指すのがベストだ．

先生　「三人ともお見事です．これでパラグラフ解析は卒業ですね」

悠人　「こうしてみると，確かに，キーワードを枠で囲んで，線で結びながら読むと，論理展開がわかりやすいね．けれど，読み終えた後はちょっと見にくいかも」

志穂　「だけど，文章の意味はよくわかるわよ．さっき先生もおっしゃっていたけれど,自分が文章を理解するためだから,それでいいんじゃない？」

悠人　「あぁ，それもそうか」

先生　「納得できましたか？　もし，悠人君が言うとおり，見づらさを感じるようなら，この練習問題の論旨を図解すると，論理展開がもっとよくわかりますよ．**図3-6**を見てください．皆さんの議論をふまえて図解し

図3-6　練習問題3-2のパラグラフ解析（図解）

たものです．スッキリしましたね．

さて，練習問題も含めて，今までの解析でパラグラフの論旨がよくわかるようになりましたね．繰り返しますが，これらをすべて行う必要はありません．キーワードをマーキングした後は，自分にとってやりやすい方法をとればよいです」

志穂「先生,一つ質問があります.このパラグラフの論旨はわかりましたが,結論が何となく足りないような気がします．結論の『正確度も精度も』の前に『真の値が得られるように』を補うと『正確度も精度も高い測定を目指すのがベストだ』がよくわかる気がするんですが」

先生「志穂さん，鋭い指摘です．よいところに気づきましたね.『測定は真の値を目指すこと』は,この文章の前提となっているのです．それをはっきりさせるために，志穂さんが指摘した言葉を補うとよいでしょう．このような読み方を**批判的読解**と言います．これが何かについては，また後で説明しますので，楽しみにしてください」

3.13 パラグラフの論理展開 ステップ3

先生「おや，志穂さん．何か気になっていることがあるようですね」

志穂「えぇ，はい．先生は『理系文は論理的に書かれている』とおっしゃいました．それならパラグラフも論理的に書かれていると思いますが…『論理的に書かれているパラグラフ』ってどんなものですか？」

先生「よい質問です．パラグラフの論理構成はお伝えしたとおり，主題を提示して，展開で議論して結論を導くタイプA（構造A）か，結論を最初に記して，展開でそれについて説明するタイプB（構造B）のどちらかです．『展開の議論や説明が論理的である』とは『筋道が通っている』と言い換えてみると，よいでしょう．その要件を図3-7に示します．これらを満たすものは，論理的であるのと同時に説得力のあるものです」

図 3-7　論理的で説得力があるとは

先生「図 3-7 に記載がある中でも，重要なポイントを説明しましょう．まず，例が示されていることは大切ですね．とくに，概念的なことは例を出すことで，その具体的な姿がわかります．次は，時系列で書かれていることも，当たり前ですが大切ですね．起こったことが順番に書かれていれば，筋道が通っていると納得できます．

また，根拠となるデータが示されていることも，文章が論理的であると認められますね．データを狭くとらえないで，もっと広く，主題に関する例や事実，それから観察・実験データと考えるとよいでしょう．

エビデンスが示されていて，それに基づくことも筋道が通りますね．

さらに，文章の主張が論理的に考察されたものであり，つまり比較，因果関係，アナロジー，演繹法や帰納法が使われて考察されていることも筋道が通ります」

志穂　「ずいぶんたくさんあるんですね．これらすべてが一つのパラグラフに盛り込まれているのですか？」

先生　「いいえ，そうではありません．文章の中にこれらのどれかが一つでもあれば十分です．前にも言いましたが，パラグラフは著者の主張の要素ですから，**図 3-7** の構成要件の一つがあればよいのです．要素がいくつか集まって著者の主張全体ができあがります」

悠人　「今まで勉強した中に，その例がありますか？」

先生　「今日，取り扱った**【文例 3-1】**では事実が，**【文例 3-2】**は観察データが書かれていますし，昨日（第２章）の**【文例 2-1】**の第２パラグラフでは観察データを，第３パラグラフではエビデンスを提示し，データとエビデンスを比較して考察しています．なお，今後引用する予定（第５章と第６章）の例文もこの構成要件に合致していますので，読むとき確認できるでしょう．

演繹法を用いた**【文例 3-3】**を示しましょう．この文例は二つのパラグラフから構成されています」

【文例 3-3】　炎色反応によるアルカリ金属の同定

ナトリウムやカリウムなどのアルカリ金属とその化合物は特有の炎色反応，すなわちそれらを炎の中に入れると各元素に特有の色を示す反応を示す．リチウム，ナトリウム，カリウムは，それぞれ赤，黄，赤紫の炎色反応を示す．

今あるアルカリ金属化合物の水溶液をきれいな白金に浸して，それをガスバーナーの炎の中に入れたら，黄色を呈した．したがって，上の金属の種類と炎色反応の色の関係より，この化合物はナトリウムの化合物であることがわかった．

聡　「懐かしい．アルカリ金属とその化合物の炎色反応ですね．高校化学のアルカリ金属の単元で学んだことを思い出しました」

先生　「炎色反応を忘れていても大丈夫です．そんな法則があると思ってください．第1パラグラフは一般法則の記述です．一般法則ですから，それは真（正しい）ですね．それを第2パラグラフの個別事例である炎色反応の色から，一般法則を適用してナトリウムの化合物と同定しました．演繹法の使い方の一つです」

悠人　「本当だ！　図3-7の構成要件を含んでいますね」

先生　「いま言ったことは，いくつかのパラグラフから構成される文章を読解するときにも当てはまりますし，また，文章を書くときにも使えます．この図3-7を覚えておけば，この先きっと役に立ちますよ」

聡　「ありがとうございます！　コピーしてノートに貼っておきます」

先生　「だいぶ進みましたが，さすがに疲れましたね．…おや，もう12時でしたか．ずいぶん学んだからお腹も空いたことでしょう．ランチタイムにしましょうか．カフェテリアでおいしいものを食べて，エネルギーをチャージしましょう」

志穂　「賛成！　行きましょう」

第4章

文を侮ることなかれ

4.1　わかりにくい文を理解する方法がある　ステップ1

2日目の午後.

先生　「午後の部を始めましょう．第3章でパラグラフの読み方を学びましたが，パラグラフ内の文は，すべて読んで理解できるという前提で話しました」

聡　「そうですね．でも，いろいろな文章を読んでみると，何が書いてあるのか，わかりにくい文が多いんです．そんなとき，スルーしてしまうんだけど…」

先生　「それでは文の意味がわからないし，パラグラフを読み解くといっても中途半端になりますね」

聡　「そうなんです．読めばわかるってよく言われるけど，読んでもちっともわからないんです．わかりにくい文がわかるようになる読み方ってあるんですか？」

先生　「これから話したいことは，それなんです．まず最初に，わかりにくい文とは何が要因なのかを考えてみましょう．私がそれをまとめてみました(図4-1)．あわせて，そのような文の読解法も示しました.

図4-1を見てください．文の意味がわかりにくくなる要因は五つあります．一つは**文章に関する知識がない**場合や言葉の意味がわからない場合．文章に書かれていることを知らなければ，何が書いてあるかわかり

要因	読解法
✓ 文章に関する知識がない	テキスト・辞典で調べる
✓ 定義されていない用語が使われている	定義を探す，調べる
✓ 長い修飾節がある	修飾節を別文にする
✓ 複雑な複文がある	複文を単文化する
✓ 内容が複雑である	図解する，表にまとめる

図 4-1　文の意味がわかりにくい要因と読解法

ませんね．でも，それは別のテキストや辞典・事典で調べるとわかります．また，文章に出てくる言葉の意味がわからないと何が書いてあるのかわかりませんが，そのときも辞典・事典で調べるとわかります．面倒がらないで，ほかのテキストを読んだり，こまめに辞典を引いたりしましょう．2番目は，**定義されていない用語**が使われている場合です．このときは，その文章の別のところに定義がないか，または定義を推測できる文や言葉を探します．そうすると文章を理解できます．3番目は**長い修飾節がある文**，4番目は**複雑な複文**です．これらはいずれも複雑な構成をしています．このような構成の文は確かに読みにくく理解しにくいのですが，この場合は文を分解して意味を考えましょう．5番目は内容が複雑な文章です．書かれていることが難しかったり，数値データがたくさん出てきたりしてわかりにくいのです．このときは，内容を図解したりデータを表にまとめたりするとグンとわかりやすくなります」

4.2　知識がなければ調べる　ステップ1

志穂「うーん…ピンときません．何か例がないですか？」

先生「そうですね．例文で説明しないとわかりませんよね．知識がないことから始めましょうか．第3章の**【文例 3-1】**は土星の衛星タイタンについて書かれていましたが，メタンの液体(川，湖，雨)がタイタンに存在することを理解するには，メタンの融点と沸点の知識がないとピンとこないですね」

聡　「はい，確かにメタンは低温で液体になることは知っていました．でも，天体に液体のメタンが存在していることには驚きました．知識がないときはどうすればいいのですか？」

先生　「まず辞典・事典で調べて，次はテキストですね．簡単に解説してあるものを読んで要点をつかむとよいでしょう」

聡　「なるほど，わかりました」

先生　「言葉も同じです．たとえば，後に示す【文例 4-1】の『地球温暖化』という言葉の意味を知らないとしましょう．そうすると，この文章は理解できませんね．なので，辞典を引いて意味を調べます．『広辞苑 第七版』（新村出編，岩波書店，2018 年）によると，『化石燃料の消費で生ずる二酸化炭素などの温室効果によって，地球全体の平均気温が上昇する現象．気候変動や極地の氷の融解による海水位の上昇などをひき起こす』とあります．意味がわかりますね．また，専門用語の場合は専門の辞典・事典で調べるとよいです．インターネットも有効な情報源ですが，玉石混淆ですから信頼できる情報源のものを使ってください」

志穂　「了解です」

4.3　定義されていない用語は，定義を探す，調べる　ステップ 1

先生　「次に進みましょう．【文例 4-1】を読んでください．この文章の意味はすぐにわかりますか？」

【文例 4-1】　わかりにくい文章——定義されていない用語がある

2050 年カーボンニュートラルが提唱されている．この野心的な目標は，現在実施している施策をそのまま続けるだけでは達成できないだろう．地球温暖化に関する課題を検討し直して，効果的な対策を再構築しなければならないと考える．

悠人 「うーん，カーボンニュートラルでつまずきました．何だかよくわからないです」

先生 「『カーボンニュートラル』という言葉が定義されずに出てきますから，この言葉の意味を知らないと，この文章は理解できませんね．読み手が知らない言葉は，定義されていないとわかりません．言葉の定義を調べてから読み直しましょう」

聡 「インターネットにありました．環境省の『脱炭素ポータル』（https://ondankataisaku.env.go.jp/carbon_neutral/about/）です．カーボンニュートラルとは『2050年に温室効果ガスの排出を全体としてゼロにすること』．地球温暖化対策として，おもに二酸化炭素の排出量を大幅に減らすという，すごい目標ですね！」

悠人 「そうか，それなら『この野心的な目標』という意味がわかりますし，『地球温暖化に関する課題を検討し直して，効果的な対策を再構築しなければならないと考える』も，そうなんだと思えます」

先生 「定義しない用語を使うのは，著者に責任があります．皆さんも文章を書くとき，読み手になじみがないと思われる用語は定義することをお勧めします．とくに，著者の造語の場合は必須です．

定義は『○○を□□と定義する』，『○○とは□□である』のような定型文で書かれることもありますが，**【文例4-2】**のような書き方もあります．この文例では，カーボンニュートラルは『2050年に温室効果ガスの排出を全体としてゼロにするというこの野心的な目標』と定義されています．このような例もありますので，見慣れない用語が出てきたら，その前後を注意して読むとよいでしょう」

【文例4-2】 わかりやすい文章——用語が定義されている

2050年カーボンニュートラルが提唱されている．2050年に温室効果ガスの排出を全体としてゼロにするというこの野心的な目標は，現在実施している施策をそのまま続けるだけでは達成できないだろう．地球温暖化に関する課題を検討し直して，効果的な対策を再構築しなければならないと考える．

4.4　練習問題——用語の定義を探す　ステップ1

先生　「練習問題をやってみましょう．以下の文章（**練習問題 4-1**）は，学生はネット情報の信頼性を評価する力が必要ですが，それを養成するためには，学校のメディアリテラシー教育が有効であることを述べたものです.メディアリテラシー教育という言葉が定義しないで使われています．でも，文章を読むと定義がわかりますよ．文章中の文言から『メディアリテラシー教育』を定義してみてください」

練習問題 4-1　用語の定義を探す(1)

インターネットは便利な情報源であり，うまく使えば有用な情報環境が得られる．しかし，ネットにはフェイク情報があり，フェイク情報へ誘導するアルゴリスムもある．なので，学生はネット情報を評価して信頼性のあるものを抽出する力が必要である.そこで,メディアリテラシー教育が重要になる．ネットから入手した情報を批判的に吟味し，フェイク情報を見破る方法を学生に教えるのである．

聡　「『メディアリテラシー教育』が第4文に出てくるね．でも定義はない」

志穂　「その後ろの言葉がヒントなのかな？」

悠人　「そうか,『ネットから入手した情報を批判的に吟味し，フェイク情報を見破る方法を学生に教えるのである』は,『メディアリテラシー教育』を説明しているね」

聡　「つまり『メディアリテラシー教育』とは,『ネットから入手した情報を批判的に吟味し，フェイク情報を見破る方法を教える教育』と定義されています！」

先生「そのとおり．このように用語が定義されていなくても，文章中に定義と等しいことが書かれているケースもあるから，注意して文章を読むことが大事です．

新しい言葉は，定義だけでなく内容(その言葉の示すこと)も書かれている場合があります．言葉の示すことを読者によく理解してもらうためです．そのような例を**練習問題4-2**で取り組んでみましょう．これは『ボンエルフ』について書かれています．この文例を読んで，ボンエルフの定義と内容を考えてみてください」

練習問題4-2　用語の定義を探す(2)

大陸ヨーロッパの国々には，ボンエルフと呼ばれる特殊な居住街区がある．ボンエルフとは,オランダ語で「生活の庭」という意味であるが,クルマと歩行者が混在する住宅地において，クルマを優先せず，歩行者との共存をはかった街区である．1976年にオランダ政府は，道路交通法を改正し,「ボンエルフ」と指定された区域内では，従来とは異なった交通法規を適用することにした．ボンエルフ内では，① 優先権をクルマに与えない，② 子どもが道路で遊んだり，住民が道路で休息し語り合うことを奨励する，③ 歩道と車道の区別をしない，④ クルマは自転車や歩行者の速度と同等でなければいけない(実際には時速30 km以下)，という一般道とは異なった法規が適用された．そして，こうした方針の実現を人々の遵法意識に頼るだけではなく，物理的強制力で保証する，すなわち，クルマに対してシケイン(屈曲路)・ハンプ(路面のカマボコ型隆起)・ボラード(杭)などを設けて,スピードの抑制を強制した．

出典：今井博之,「路上を子どもたちに返す」，世界，2022年2月号，p.126-133.

志穂「ボンエルフって初めて聞いた言葉です．定義は文章に書いてありますね．ボンエルフとは『クルマと歩行者が混在する住宅地において，クルマを優先せず，歩行者との共存をはかった街区』で，オランダ語で『生活の庭』という意味．でもこれだけでは，ボンエルフの中身はよくわかりません」

悠人　「だから，その後に説明されているんですね．ボンエルフの中では人が中心で，クルマはゆっくり走り人にとって脅威ではない．そして，クルマが速く走れないように道路に仕掛けがしてあるんですね！」

聡　「興味深いです．日本だと住宅街でも道路が狭くて，人が道の端を歩いているところが多いし….日本とは事情が違うから，ボンエルフの定義があっても，その説明がなければ内容を理解できないですね」

4.5　長い修飾節は別文にする　ステップ 2

先生　「次に進みましょう．長い修飾節も文を理解しにくくします．【文例 4-3】を読んでください」

> 【文例 4-3】　わかりにくい文章——長い修飾節がある
>
> 2050 年カーボンニュートラルが提唱されている．これは，2050 年に温室効果ガスの排出を全体としてゼロにするというものだ．この野心的な目標は，石炭・石油など化石燃料を用いた発電を一定量稼働させそれに風力発電など再生可能エネルギーによる発電を併用するという現在実施している施策をそのまま続けるだけでは達成できないだろう．現状を延長するのではなく，あるべき姿から逆算する発想が必要とされているのだ．

聡　「この文章では『2050 年カーボンニュートラル』が定義されています．『これは，2050 年に温室効果ガスの排出を全体としてゼロにするというものだ』が定義ですね．

でも，その次の文がわかりません．『この野心的な目標は』から『達成できないだろう』までは何を言っているのか，さっぱりわかりません．

なので，最後の文もよくわからないなぁ…」

先生　「そうですね．いま聡君が指摘した箇所は，主語『この野心的な目標は』と述語『達成できないだろう』の間で，長い修飾節『石炭・石油……併用するという』が被修飾語『現在実施している施策』を修飾しています．修飾節は何と56文字もあります．このような長い修飾節は何回か読まないとわかりませんね．

下に修飾語・修飾節と被修飾語・被修飾節についてまとめましたので，参照してください」

聡　「こんな難しい文章は何回読んでもわかりません！　こんなときはもうあきらめます」

先生　「まあまあ，そう言わないで．このような面倒な文でも，うまく読み取れますよ．

修飾語・修飾節と被修飾語・被修飾節

文章を読むときや書くときの「修飾」とは，言葉の意味を限定するために，他の言葉や言葉のひとかたまり（節）をその前につけることです．前者を修飾語と言い，後者を修飾節と言います．修飾される言葉や節を，被修飾語や被修飾節と言います．このとき，修飾語・修飾節は被修飾語・被修飾節に係ると言い，両者の関係は矢印で結んで示されます．矢印で結ぶと両者の関係を理解できます．

下の文例で，「ブラックホールの」は修飾語で，「存在」は被修飾語です．また，「化学的に安定な」は修飾節であり，「二酸化炭素」は被修飾節です．

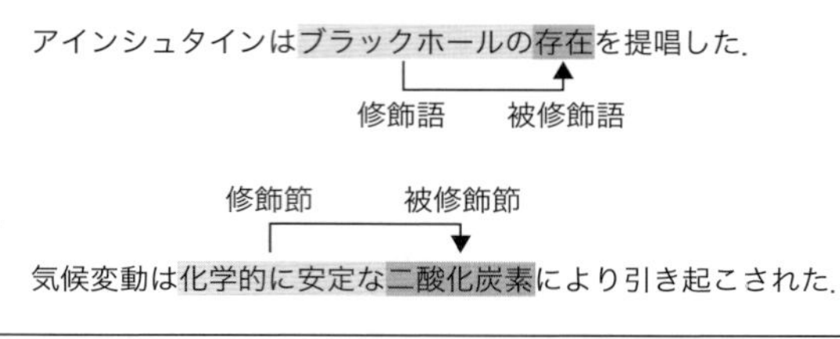

この文を理解するには，長い修飾節を飛ばして，文の骨格だけで読み，修飾節を別文にすればいいんです．つまり，第2文の骨格は『この野心的な目標は』『現在実施している施策をそのまま続けるだけでは』『達成できないだろう』です．そして，長い修飾節は次のように読み解きます．つまり『現在実施している施策』とは『石炭・石油など化石燃料を用いた発電を一定量稼働させそれに風力発電など再生可能エネルギーによる発電を併用するという』ものです．これは，被修飾語『現在……施策』を主語にして，修飾節『石炭……いうものだ』を述語にした文です．つまり，『現在実施している施策は，石炭・石油など化石燃料を用いた発電を一定量稼働させ，それに風力発電など再生可能エネルギーによる発電を併用するというものだ』になります．わかりやすくするために『させ』と『それに』の間に読点（,）を打ち，文末に『ものだ』と施策を意味する言葉を補いました．これを前に置き，さらに次の文に『だが，この施策を』を補い，第2文の『するという』の後ろに『野心的な目標』を加え，元の文の主語『上記の野心的な目標は』を加えます．それを**【文例4-3改1】**に示します．変えたところを下線で示しました．**【文例4-3】**よりわかりやすくなったでしょう？」

【文例4-3改1】　長い修飾節を文に変えて読む

2050年カーボンニュートラルが提唱されている．これは，2050年に温室効果ガスの排出を全体としてゼロにするという野心的な目標だ．現在実施している施策は，石炭・石油など化石燃料を用いた発電を一定量稼働させ，それに風力発電など再生可能エネルギーによる発電を併用するというものだ．だが，この施策をそのまま続けるだけでは，上記の野心的な目標は達成できないだろう．現状を延長するのではなく，あるべき姿から逆算する発想が必要とされているのだ．

聡　「なるほど．だいぶ，わかりやすくなりました．実際に文章を読むときは，これを頭の中で書き直しながら読めばいいんですか？」

先生　「そうしてもよいです．でも，文を書き換えるのが大変なら，**【文例4-3 改 2】**に示すように,『石炭……併用するという』までをカッコで囲って，これを別文と考えて読むとよいでしょう．『別文』と書き込むのもいいですね」

【文例 4-3 改 2】　長い修飾節をカッコで囲み，別文として読む

2050 年カーボンニュートラルが提唱されている．これは，2050 年に温室効果ガスの排出を全体としてゼロにするというものだ．この野心的な目標は，（石炭・石油など化石燃料を用いた発電を一定量稼働させそれに風力発電など再生可能エネルギーによる発電を併用するという）現在実施している施策をそのまま続けるだけでは達成できないだろう．現状を延長するのではなく，あるべき姿から逆算する発想が必要とされているのだ．

別文

聡　「わかりました！」

4.6　複雑な複文は単文化する　ステップ 2

先生　「次は複雑な複文です．複文は複雑な構造になりやすく，そのような文章はわかりにくいです．文例の説明をする前に，単文と複文について説明しましたので，それを見てください」

単文と複文

主語・述語の組が一つの文は単文で，複数ある文は複文です．文節と文節は，つなぐ言葉(接続助詞や動詞・助動詞の連用形)でつなぎます．接続助詞は「ば」「が」「ので」「から」などです．連用形は動詞・助動詞の活用形の一つです．動詞や形容詞は文中で語尾が変化します．これを活用と言います．連用形は，後ろに動詞や形容詞(用言)が来るときの活用形(用言に連なる形)です．連用形は後に文をつけることもできます．

下の文例で「あり」は動詞「ある」の連用形です．「期待され」は,「期待」＋「する」の未然形「さ」＋「れる」の連用形「れ」からなります．「する」は動詞,「れる」は助動詞で，ここでは受身を表します．

なお国文法では，主語・述語の組が複数ある文のうち，その組が対等のものを重文，対等ではないものを複文と区別しています．重文は，それぞれの組を単文にしても意味が変わりませんが，複文は意味が取れなくなります．本書ではとくに区別していません．

単文と複文の例を示しましょう．

単文

プラスチックゴミが海洋に流出している．

接続助詞でつないだ複文

助成金を受ければ，その研究は大きく進展するだろう．

海洋にプラスチックゴミが流出しているので，現況調査が必要である．

動詞・助動詞の連用形でつないだ複文

金属は金属光沢があり，電気伝導性を示すことが特徴である．

デバイスAは新規応用が期待され，多くの特許が出願された．

志穂　「理解しましたが…何か文例を使って説明していただけませんか？」

先生　「複雑な複文例を【文例4-4】に示しましょう．第3文は109文字もあって,複雑な複文です．接続助詞『が』や動詞の連用形『達し』でつながっています．この文は一回読んだだけではわかりにくいですね」

【文例4-4】　わかりにくい文章――複雑な複文

地球温暖化が進行している．地球温暖化とは二酸化炭素などの温室効果ガスの大量排出により地球全体の平均気温が上昇する現象である．それは産業革命以降化石燃料の大量使用により二酸化炭素などの温室効果ガスが大量に排出されたことが要因であるが，事実最近二酸化炭素の濃度が400 ppmにも達し，夏の異常高温や大規模な暴風雨の頻発などの異常気象とも関連していると考えられている．

悠人 「確かに，さっぱりわかりません．こんなときはどうしたらいいんですか？」

先生 「こういう複文は，接続助詞などのつなぐ言葉で切って，それぞれを文にして，新たに文と文をつなぐ言葉を挿入して読みます．たとえば，**【文例4-4改】**のようにします．途中で読点(，)を補ったところもあります．『夏の異常……』の主語は『地球温暖化』なので，それも加えました．改訂箇所には下線を引いてあります．複文は三つの単文になったので，わかりやすくなったでしょう？」

> **【文例 4-4 改】 わかりにくい複文の読み方――複文を単文に変える**
>
> 地球温暖化が進行している．地球温暖化とは二酸化炭素などの温室効果ガスの大量排出により地球全体の平均気温が上昇する現象である．それは産業革命以降化石燃料の大量使用により，二酸化炭素などの温室効果ガスが大量に排出されたことが要因である．事実，最近二酸化炭素の濃度が 400 ppm にも達した．地球温暖化は夏の異常高温や大規模な暴風雨の頻発などの異常気象とも関連していると考えられている．

悠人 「今度は理解できました．こんなふうにするんですね．これは文章に書き込みながら読むんですか，それとも頭の中でこんなふうにして読むんですか？」

先生 「どちらでもいいですよ．やりやすいほうで」

悠人 「わかりました！」

先生 「ちょっと疲れましたね．休憩しましょう．皆さんはめいめいでコーヒーを淹れて頭をスッキリさせてください．私は紅茶にします．紅茶はフレーバーティーに限りますね．これはマスカットの風味がして，文章読解のエネルギーを

与えてくれますね．クッキーも用意したので，どうぞ」

悠人　「ありがとうございます！　僕たちも自分で淹れたコーヒーはおいしいです．このコーヒーはモカですね？」

4.7　練習問題——複雑な構成の文章の単文化　ステップ2

先生　「では再開します．練習問題をやってみましょう．次の文章（練習問題4-3）は複雑な構成（長い修飾節）をもっています．複雑なところを単文に変えて書き直してください」

> 練習問題 4-3　複雑な構成の文章（長い修飾節）
>
> 真理探究心または知的好奇心という動機で行われ誰もがそのすべてを理解することが困難な膨大な知識体系を構築した科学は，現代の高度な文明社会の基礎を形成した．

悠人　「この文章は『科学』が問題になっているよね？　『真理……構築した』までが『科学』の修飾節か，長いなぁ…これでは，この文の意味はすんなりとわからないよね？」

聡　「これをどうしよう…この修飾節を科学を説明する文に変えるといいのかな？」

志穂　「そうね，そうしてみよう」

聡　「こうなるのかな？　『科学は真理探究心または知的好奇心という動機で行われる』，そして『科学は誰もがそのすべてを理解することが困難な膨大な知識体系を構築した』」

悠人　「そうすると，この文は三つに分かれて次のようになるのかな？」

練習問題 4-3　複雑な構成の文章を単文化する——解答例 1

科学は真理探究心または知的好奇心という動機で行われる．科学は誰もがそのすべてを理解することが困難な膨大な知識体系を構築した．科学は，現代の高度な文明社会の基礎を形成した．

志穂　「言葉を少し補うと，わかりやすいかも．こんなふうにしてみたわ」

練習問題 4-3　複雑な構成の文章を単文化する——解答例 2

科学は真理探究心または知的好奇心という動機で行われる．その結果，科学は誰もがそのすべてを理解することが困難な膨大な知識体系を構築した．その科学は，現代の高度な文明社会の基礎を形成した．

先生　「解答例 1 も解答例 2 も，長い修飾語句を単文化して最初に置いたので，この文章の意味がわかりやすくなりましたね．文がうまくつながるように工夫することも大事ですが，ここでは，自分が理解しやすくなればよいので，そこはこだわらなくて構いません．

これで複雑な修飾節と長い複文をわかりやすくする方法はできるようになったと思います．次に進みましょう」

4.8　内容が複雑な文章は図解する，表にまとめる　ステップ 3

先生　「複雑な内容の文章もあります．いろいろなことが書かれていて，文章やデータがいくつも出てきて，読者が頭の中でうまく整理できず，それぞれの関係をうまくつかめない文章です．そのような文章を読解するコツは，内容を図解したり，グラフや数式にしたり，データを表にまとめたりすることです」

志穂　「そうなんです．いろいろなことが書かれていると，頭が混乱するし，数値データがたくさん出てくると，こんがらがってしまいます．どんな方法で読めばいいんですか？」

先生　「例を出すほうがとっつきやすいですね．内容を図解する例を【文例4-5】に示しましょう．この文章を読んでください．最終行の『同じ色』は何色か，すぐにわかりますか？」

【文例 4-5】　わかりにくい文章——内容が複雑

　中和滴定の終点を判定するには指示薬という色素を用いる．pH による色の変化を終点判定に用いるのだ．色の変化が 3 色となる指示薬がある．チモールブルーという指示薬は，強酸性では赤色であり，pH9.6 以上で青色を呈し，その中間域では黄色である．酸性領域で黄色となり，塩基性では青色となるブロモチモールブルーと弱酸性では同じ色となる．

志穂　「指示薬の話ですね．高校の化学で酸と塩基を習ったときに出てきたのを思い出しました．弱酸性で…うーん，わからないなぁ…」

先生　「ここでは指示薬が話題になっていますが，指示薬になじみがないなら，何かあるものと考えて読んでみてください．高校の化学は忘れていても大丈夫です．

　この文章の『チモールブルーという指示薬……』以下は複雑な構成な

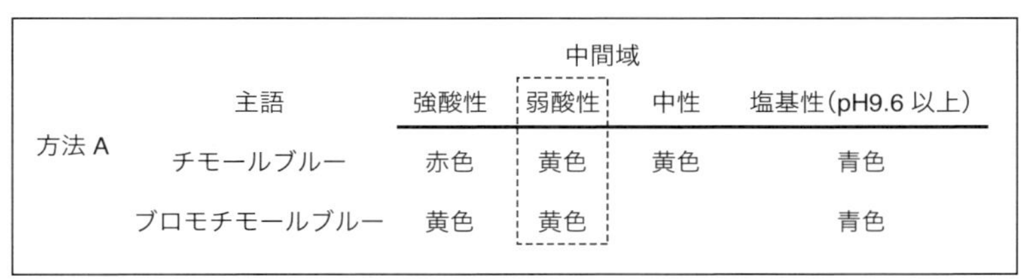

図 4-2　【文例 4-5】の図解

ので，何回か読まないと構成と意味を理解できません．とくに『塩基性……弱酸性では同じ色となる』はよく理解できません．このような文は次のように内容を図解して読解しましょう．図解例を図4-2に示します．

図解の方法は二つあります．一つは，書いてあることに対応した図解をつくる方法Aです．今のケースでは，酸性・塩基性に対して2種類の指示薬の色を図解します．両指示薬の弱酸性の色を調べます．二つ目は文を分解して対応するものを並べる方法Bです．この場合も，両指示薬の弱酸性の色を調べます．酸性・塩基性の分類とpHの関係をよく理解していないなら，テキストで調べて，それも図解の側に書いておきます．図4-3に示しましょう」

強酸性：pH2 以下
弱酸性：pH3〜6
中性：pH7
弱塩基性：pH8〜10
強塩基性：pH11 以上

図4-3　ほかからの知識

志穂「なるほど，そんなふうにするんですね！　知らなかったです．そうすると，点線の枠で囲った部分が弱酸性だから，『同じ色』は黄色ですね？わかりやすいです．でも，文章を読むだけでは黄色とはわかりにくいですね」

悠人「図解が大事なんですね！」

志穂「先ほど先生は『グラフや数式にしたり，データを表にまとめたりすること』も文章を読解するコツとおっしゃいましたが，そんな例はあるんですか？」

先生「よい質問ですね．ではもう一つ文例を出しましょう．**【文例4-6】**を見てください．これはボイル－シャルルの法則を述べた文章です．これも高校で習いましたね．この法則を知っている人は，それをいったん忘れてください．この文章を理解できれば，気体の体積を求める式を四つ示して，そのグラフの概念図も描けます．やってみてください．なお，T：絶対温度，P：圧力，V：体積，n：物質量，a：定数としましょう」

【文例 4-6】　わかりにくい文章――グラフや数式をつくるとわかりやすい例

気体の状態は絶対温度，圧力，体積および物質量で決められる．絶対温度が一定のとき気体の圧力は体積に反比例する．圧力が一定のとき気体の体積は絶対温度に比例し，絶対温度と圧力が一定のとき気体の体積は物質量に比例する．これらを総合すると，気体の体積は，物質量と絶対温度に比例し，圧力に反比例すると言える．

聡　「体積を求める式が四つということは，① 絶対温度が一定のとき，② 圧力が一定のとき，③ 絶対温度と圧力が一定のとき，そして④ これらの総合ですね．『絶対温度が一定のとき気体の圧力は体積に反比例する』は，体積を主語にするためには『絶対温度が一定のとき気体の体積は圧力に反比例する』と読みかえないといけませんね．ここ，難しいです．ちょっと時間がかかりますが…何とかできました」

先生　「それを皆さんに示してください．図 4-4 としましょう」

志穂，悠人　「私たちも同じグラフと式になりました！」

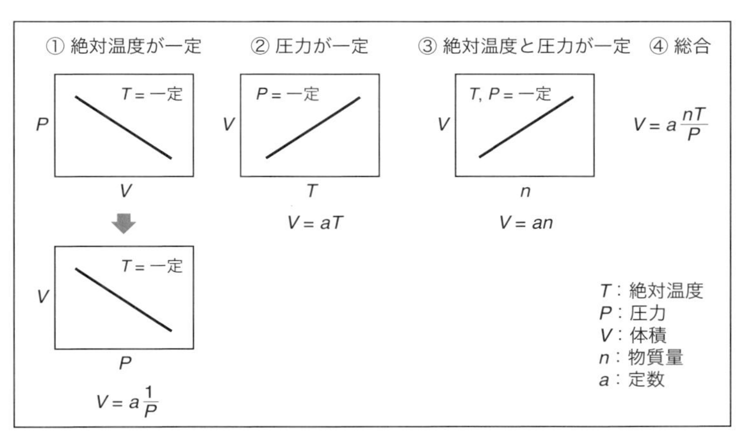

図 4-4　【文例 4-6】のグラフ化，数式化

先生　「皆さん OK ですね．この例では，文に書いてあることを，素直に式に書いてグラフに描けばよいのです．ただ，聡君が言ったように，圧力と体積の関係は読みかえないとできません」

聡　「いやぁ～，たいへんでした」

先生　「今度はデータを表にまとめてみましょう．文章の中に数値データが出てきても，それらの関係やその意味などを読みながら把握するのは，なかなか難しいものです．

【文例4-7】は，週60時間以上働く従業者について，2017年度と2020年度を比較しています．ここで従業者とは何らかの仕事をしている人です．長時間労働している従業者と従業者数の推移について述べた文章です．今までとは内容が少し違いますが，このような文章もありますから読んでいきましょう．文中に数値データが出てきます．これらを表にまとめると，その違いが明確にわかります．長時間労働の2020年度については増減割合(%)も併記すると，よりわかりやすくなるでしょう．皆さんやってみてください」

【文例4-7】　わかりにくい文章——データを表にまとめるとわかりやすい例

週60時間以上働く人は，2017年度は516万人であり，そのうち男性は432万人，女性は84万人である．一方，2020年度は，2017年の人数より32.8%減少し，そのうち男性と女性は，それぞれ33.8%と27.4%減少した．ここで働く人は何らかの仕事をしている人，つまり従業者を指している．2017年度と2020年度の従業者数は，それぞれ6410万人と6404万人で，そのうち男性と女性は2017年度はそれぞれ3621万人と2790万人であり，2020年度では3593万人と2811万人である．

志穂　「数字がたくさんあって，ちょっと面倒ですね．私はこんなふうにまとめてみました．**表4-1**と**表4-2**です」

悠人　「僕も同じです．表にすると，数字そのものと変化がよくわかりますね！」

表 4-1　週 60 時間以上働く人

	2017 年度 / 万人	2020 年度 / 万人（対 2017 年の増減割合）
総数	516	347（－32.8%）
男性	432	286（－33.8%）
女性	84	61（－27.4%）

表 4-2　従業員数

	2017 年度 / 万人	2020 年度 / 万人
総数	6410	6404
男性	3621	3593
女性	2790	2811

聡　「二つの表からいろいろなことがわかりますね．男性も女性も週 60 時間以上働く人は減っています．長時間労働が減っているのはうれしいですね．あと，従業員総数は少し減ったかほぼ同じ，男性は少し減ったが女性は少し増えたと言えそうです」

先生「表にまとめて数字を見ると，お互い比較しやすいですし，なぜその値なのかと考えますね．ほかの資料も調べようという気になって，文章読解から興味と関心が深掘りできます．これは批判的読解と言われる読み方です．批判的読解については第 6 章で詳しく話しますから，楽しみにしてください」

聡　「へぇ～，おもしろそうですね！　あと，数値データはグラフにしてもいいと思いますが」

先生「鋭い指摘です．そのとおりですね．今のケースでは比較したのが二つの年度ですから表にしました．三つの場合はグラフ化もよい手です．

もう日も暮れかかってきました．ずいぶん進みましたね．皆さんだいぶ読解力がついたと思いますよ．今日はこれくらいにしましょう」

悠人「賛成！　僕たちも頭を使いすぎて，疲れちゃいました」

先生「では，続きは明日でいいですか？」

三人　「はい，お願いします！」

先生　「それでは明日，午前９時から始めましょう．今晩はゆっくり休んで，英気を養っておいてください」

志穂　「先生も栄養をつけておいてくださいね．では失礼します．ありがとうございました！」

先生　「気をつけてお帰りください」

第5章

文章を読解する

5.1　理系文の構造と論理展開　ステップ1

3日目の朝.

三人　「おはようございます」

志穂　「今日はさわやかな朝ですね．先生も何だか晴れやかに見えますよ」

先生　「ありがとう，おはよう．皆さんも晴れ晴れとしていますね」

三人　「ありがとうございます！」

先生　「さっそく始めましょう．今日は文章を読んでいきます．文章はいくつかのパラグラフで構成されていますから，昨日学んだことを応用して，順序をきちんと追っていけば大丈夫ですよ」

聡　「それならいいですが．今日はどんなことを教えていただけるのですか？」

先生　「まず，理系文の構造について，もう一度話します．次に，いくつかの理系文を読んで読解法を習得しましょう．

本題に入る前に，1回で読解する文章の範囲を示しましょう．短い文章なら全文です．長い文章(書籍や論文の章など)なら，何回かに分け，節や見出しごとに分けると，ストレスフリーで読解できます．

本題に入りましょう．復習ですが，科学技術文は大きく分けて，① 教科書など，ある分野を体系的に説明するもの，② レポートや論文など，実験結果などの報告と考察，③ 解説，エッセイや科学技術論など，科学技術に関することがらの解説や著者の考えを述べたもの，それから④科学雑誌やニュース雑誌の科学技術関係の記事です．今日は例文をいくつか用意してあります．

理系文の構造の一例を第２章に示しましたが，ここではもう少し詳しく話します．理系文には大きく分けて３種類の構造があります．まず，上の①から③までのほとんどの文章がもっている構造で，**タイプ A** と**タイプ B** の２種類あります．そして④のような雑誌記事は，それ特有の構造をもっています．

まずタイプＡとタイプＢについて説明し，その後で雑誌記事の構造について述べましょう．タイプＡとタイプＢの構造を**図 5-1** に示します．タイプＡは第２章ですでに説明したものです」

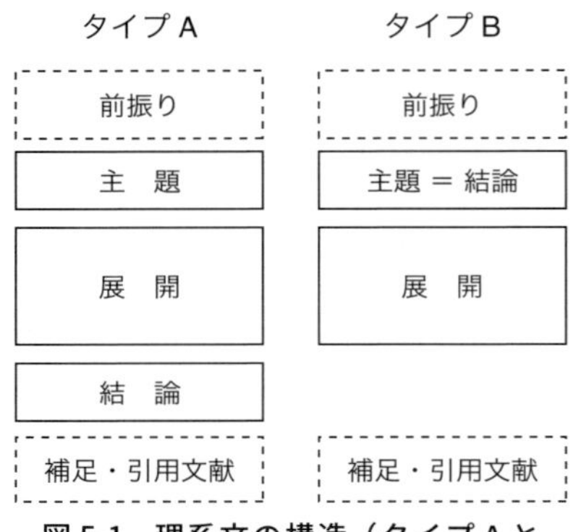

図 5-1　理系文の構造（タイプ A とタイプ B）

悠人　「あれ？　タイプＡもＢも，第３章で説明されたパラグラフと同じですね．文章もパラグラフも同じ構造なんですか？」

先生　「よいところに気づきましたね．そのとおり，全体構造は同じです．ただしパラグラフと違うのは，主題と結論がそれぞれ一つのパラグラフで，展開は通常は複数のパラグラフからなります．

さて，文章の構造と論理展開の関係をタイプＡを例にとって話しましょう．前振りと補足・引用文献は省きます．タイプＡの構成から前振りと補足・引用文献を除いた文章の構造と論理展開を**図 5-2** に示します．理系文に限らず，文章はいくつかのパラグラフからなります．昨日話したように(第３章)，パラグラフは**主題**と**結論**をもちます．**主題＝結論**の場合もありますが，ここでは主題と結論が分かれているもので説明します．第１パラグラフに文章の主題，つまりこの文章で読み手に伝えたいことが示されます．これは第1パラグラフの主題か結論と考えてよいでしょう．主題を受けて，その後に続くいくつかのパラグラフが**展開**であり，主題を受けて著者の言いたいことが順に示されます．主題の説明，主題に関する抽象概念の説明，データやエビデンスの提示と論証などです．それらがいくつかのパラグラフで述べられます．

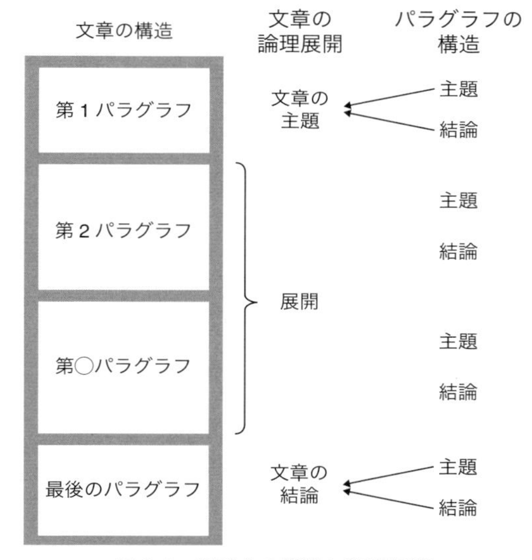

図 5-2　理系文の構造と論理展開

前にも言ったように（第3章），一つのパラグラフには著者の主張が一つ盛り込まれています．展開のパラグラフ数は，著者が言いたいことの量で決まります．最後のパラグラフに文章の結論が置かれます．このパラグラフの主題か結論が，文章の結論と考えてよいでしょう．

タイプBの文章も同じように読んでいきます．このタイプの文章だと，結論が最初に示されて，展開ではその説明などが書かれます．この場合，最後に結論が置かれることは一般的にはありません．

ただし，両タイプの文章とも，前振りや補足がつくことがありますから注意してください．引用文献がつくことは多いですね．

文章を読解するには，この図のように各パラグラフの主題と結論を理解しつつ，文章全体の論理の流れ，つまり論旨を把握します．ついで，文章の主題とそれに対する結論を理解する，つまり著者の言いたいことを理解するのです」

志穂　「文章がそのような構造をもっていることを知りませんでした．文章の構造に注目して読むんですね？」

先生　「そのとおりです」

5.2　文章読解のプロセス　ステップ１

先生　「では，文章を読解していきましょう」

悠人　「文章の読む順序やポイントはあるんですか？　あるなら前もって教えていただけると心構えもできます」

先生　「よいことを聞きますね．文章を読んで著者の主張，つまり主題や結論がすぐにわかれば，それで終わりです．

　でも，一回読んだだけでは何を言っているのかわからない文章もありますね．その場合は次のようなプロセスで読解するとよいでしょう．図5-3にも示します．

①　パラグラフの主題と結論を見つける
②　文章の主題と結論を見つける
③　キーワードの変化を追いかけて
　　読解のキーポイントを見つける
　読解のキーポイントはキーワードが
　　大きく変化する箇所
④　微妙な落とし穴に気をつける
⑤　論旨を再確認する
（②～⑤）論旨を理解する

図 5-3　文章読解のプロセス

　① 各パラグラフの主題と結論を見つけます．それに下線を引いておきます．これは昨日マスターしたので簡単でしょう．

　② 文章全体の主題と結論を見つけます．それに印をつけるか，濃い下線を引くかします．各パラグラフの主題と結論をよく見ていくと，この文章は何について，どんなことを書いてあり，どんなふうにまとめているかがわかります.『何について』が主題で,『どんなこと』が展開で,『まとめ』が結論です．一般的には先ほど述べたように，第１パラグラフの主題か結論が文章の主題になり，最終パラグラフの結論が文章の結論になることが多いですね．ただし，前振りや補足がある場合もありますか

ら，注意が必要です．前振りは多くの場合，最初の一つか二つのパラグラフが該当しますから，最初のいくつかのパラグラフを注意深く見ると，どれが主題かを判断できるでしょう．

文章の主題・結論と各パラグラフの主題・結論を追いかけて，この文章の言いたいこと，つまり著者の主張を理解できれば読解は完了です．

タイプＢの文章だと結論が最初に置かれ，展開はその説明などですから，展開を読んでいくと徐々に結論の意味がわかってきます．最後まで読み，もう一度最初に書かれた結論を読むと，それがわかるでしょう．

でも，よくわからない場合もあります．とくにタイプＡの文章では，主題から結論に至る論旨や主題と結論との対応がよくわからないときがあります．

③ そんなときは，**キーワードの変化**を追いかけて**読解のキーポイント**を見つけます．何かあることを議論している文章は，キーワードが少しずつ変化しながら何度も出てきます．キーワードが大きく変化するところが読解のキーポイントです．そこから新たな話題が始まったり，著者の主張が出てきたりします．ここが大事です．

④ さらに文章を読むとき，**微妙な落とし穴**に気をつけてください．横道にそれたり誤読したりしてしまうからです．ここに注意すると迷わないでしょう．

⑤ 最後に**論旨を再確認**します．

以上のプロセスで読み進めれば，見事に文章を読解できたと言えるでしょう」

志穂　「難しそう…そんなにしないと読めないんですか？」

先生　「先ほど述べたように，一度読んでサクサクと理解できる文章には，このプロセスは不要です．読んでもよくわからない文章で使うのです」

志穂　「そうですか，うまくできるかなぁ…」

先生　「一度やってみましょう．わかっていく過程は，意外に楽しいし面倒でもないですよ．とっかかりに文章を一つ読んでみましょう．鉛筆を用意して，文章に下線を引いたりメモを書き込んだりしながら進めましょうか」

聡 「わかりました．始めてください」

5.3 文章の読解——論旨を理解する（その1） ステップ1

先生 「まず【文例5-1】を読んでみましょう．ピーター・アトキンスの『万物を駆動する四つの法則』から引用しました．熱力学第一法則のうち，仕事に関する文章の一部です．一度さらっと読んでみてください」

聡 「熱力学ですか，そんな授業もありましたね．よく覚えていないんですが…」

悠人 「熱力学の『仕事』をバイトと間違えちゃって，何で熱力学とバイトが関係しているんだ？って，授業中に考えてしまった…」

志穂 「私もそんな感じ」

先生 「余計なことを言っていないで，早く始めてください！」

三人 「はーい」

【文例5-1】

「仕事」とは，力に逆らって何かを動かすことだ．重力に逆らって物体を持ち上げると，仕事をすることになる．このときする仕事の大きさは，物体の質量と，その物体に加わる重力の強さと，持ち上げる高さによって決まる．あなた自身が物体と考えてもいい．あなたがはしごを登ると仕事をすることになり，そのときの仕事は，あなたの体重と登った高さに比例する．向かい風のなかで自転車をこいでも，仕事をしている．風が強いほど，また長い距離をこぐほど，する仕事は大きい．バネを伸ばしたり縮めたりするのも仕事になり，その仕事の大きさは，バネの強さと，伸ばすか縮めるかした距離によって決まる．

どんな仕事も，物体を持ち上げることに対応づけられる．じっさい，バネを伸ばす場合を考えても，伸ばしたバネに滑車を介しておもりをつなぎ，バネが元の長さに戻ったときにおもりがどれだけ上がったかを確かめられる．地球上で質量 m（たとえば 50 kg)の物体を高さ h（たとえば 2.0 m）だけ持ち上げる仕事の大きさは，mgh として計算できる．ここで g は「重力加速度」という定数であり，海水面では 9.8 m/s^2 に近い．50 kg の物体を 2.0 m 持ち上げるには，980 kgm^2/s^2 の仕事が必要になる．27 ページ[1)]左端の注に書いたとおり，「kgm^2/s^2」というややこしい組み合わせの単位には,「ジュール」(記号 J)という名前がある．したがって，この物体を持ち上げるには，980 ジュール（980 J）の仕事が必要なのである．

出典：ピーター・アトキンス著，斉藤隆央訳,『万物を駆動する四つの法則』，早川書房 (2009)，p.35-38.
[1)] 引用者注：『万物を駆動する四つの法則』の p.27.

三人　「読みました」

先生　「では，読解プロセスの①と②をやってみましょう．この文章は二つのパラグラフからなります．各パラグラフの主題と結論に下線を引き，そこから文章の主題と結論を指摘してください．文章の主題と結論はそれぞれ D 主題と D 結論とし，パラグラフの主題と結論はそれぞれ P 主題と P 結論として区別するとわかりやすくなります．D は Document（文章)，P は Paragraph（パラグラフ）の意味です」

聡　「わかりました，やってみます．……これでどうですか？」

【文例 5-1】　D 主題・結論と P 主題・結論

「仕事」とは，力に逆らって何かを動かすことだ(D 主題＝結論，P 主題＝結論)．重力に逆らって物体を持ち上げると，仕事をすることになる．このときする仕事の大きさは，物体の質量と，その物体に加わる重力の強さと，持ち上げる高さによって決まる．あなた自身が物体と考えてもいい．あなたがはしごを登ると仕事をすることになり，そのときの仕事は，あなたの体重と登った高さに比例する．向かい風のなかで自転車をこいでも，仕事をしている．風が強いほど，また長い距離をこぐほど，する仕事は大きい．バネを伸ばしたり縮めたりするのも仕事になり，その仕事の大きさは，バネの強さと，伸ばすか縮めるかした距離によって決まる．

どんな仕事も，物体を持ち上げることに対応づけられる（P主題＝結論）．じっさい，バネを伸ばす場合を考えても，伸ばしたバネに滑車を介しておもりをつなぎ，バネが元の長さに戻ったときにおもりがどれだけ上がったかを確かめられる．地球上で質量 m（たとえば50 kg）の物体を高さ h（たとえば2.0 m）だけ持ち上げる仕事の大きさは，mgh として計算できる．ここで g は「重力加速度」という定数であり，海水面では9.8 m/s^2 に近い．50 kgの物体を2.0 m持ち上げるには，980 kgm^2/s^2 の仕事が必要になる．27ページ左端の注に書いたとおり，「kgm^2/s^2」というややこしい組み合わせの単位には，「ジュール」（記号J）という名前がある．したがって，この物体を持ち上げるには，980ジュール(980 J)の仕事が必要なのである．

聡　「それぞれのパラグラフの第1文がP主題＝結論だと思います．最初のパラグラフの第1文は『仕事』の定義で，仕事とは何かを示しています．その後の文はすべて，定義の『力に逆らって何かを動かすこと』を例を出して説明しています．また，第1文を受けて結論になりそうな文もありません．なので，第1文がP主題でありP結論だと思います．

第2文も同じで，最初の文は『どんな仕事も物体を持ち上げることに対応づけられる』で，このパラグラフはその説明が書かれているのだと思います．なので，第2パラグラフも第1文がP主題＝結論だと思います．

この文章全体を見ると，第1パラグラフのP主題＝結論が，文章全体の主題＝結論だと思います．第2パラグラフの内容は，この第1パラグラフの主題の説明だからです」

先生　「そのとおり．この文章はタイプ B です．このタイプの文章は主題＝結論が最初にあり，その後の文章はそれを説明しています．主題＝結論を頭に入れておくと，文章を理解しやすいですね．
　このタイプの文章では，読解プロセスの③以降をしなくても文章を理解できることが多いです．この文章もそうですね」

悠人　「はい，主題＝結論に関連づけられる第 1 パラグラフに下線を引いておくとわかりやすいし，第 2 パラグラフも第 1 パラグラフの主題＝結論とつなげて読めばスムーズに理解できますね」

5.4　文章の読解——論旨を理解する（その 2）　ステップ 1

先生　「では，タイプ A の文章を読んでみましょう．**【文例 5-2】**を見てください．これは『激発する極端気候』という論考の一部です．頻発する夏の酷暑，温かくなり酸性化する海や海面上昇などを説明し，近年の異常気象を概観した内容です．その中から海面上昇に関する箇所を引用しました．これは海面上昇という現象を説明した文章です．理系文ではこの文章のように，事象を説明して，それについて考察するものが多くあります．まずはさらっと読んでください」

【文例 5-2】　今後何世紀も続く海面上昇

　世界的に海面水位が上昇しており，ここ数十年，そのスピードは加速している．海水の熱膨張，氷河の質量損失，陸域の貯水量，グリーンランドおよび南極氷床の変化が海面水位上昇の原因である．

　2019 年 9 月に公表された IPCC 海洋・雪氷圏特別報告書では，20 世紀末から 21 世紀末までの世界平均海面水位の上昇を，今後の対策を取らないとしたシナリオで 0.61 ～ 1.10 メートルと評価した．この「1.10 メートル」を超える水位上昇になる確率の評価をするにはまだ証拠が不十分だが，南極氷床の末端で張り出した棚氷の底には海水があり，その海水が暖まることで棚氷の崩壊が始まれば，この値を大幅に超え得る．

したがって，1.10 メートルという推定値は，未解明の部分を含めない控えめな値と考えた方が良いだろう．

台風による強風と降雨の増大ならびに極端な高波の増加は，海面水位の上昇と合わさって，リスクを増大させる．100 年に一度しか起きないような高潮が，沿岸部の大都市や島国では今世紀の半ばに，ほかの地域でも今世紀末までには，どこかで毎年起きるようになるとの見方もある．

海水の熱膨張に起因する海面水位上昇は何世紀にもわたって継続するため，2100 年以降も世界平均海面水位が上昇し続けることはほぼ確実である．その上昇幅は将来の排出量[1)]に依存する．海洋への熱吸収や氷床の融解は長く続くため，沿岸部での高波・高潮のリスクや津波対策など，22 世紀以降の海面水位上昇を考慮した超長期的なインフラ整備等の対策を取る必要がある．

出典：鬼頭昭雄,「激発する極端気候」, 世界, 2019 年 12 月号, p.91-100.
[1)] 引用者注：二酸化炭素の排出量のこと．

三人 「読みました！」

先生 「読解プロセスの①と②をやってみましょう．各パラグラフの主題と結論に下線を引き，そこから文章の主題と結論を指摘してください」

聡 「わかりました，やってみます．……これでどうですか？ D 主題や P 結論などは【文例 5-1】と同じように書いてみました」

【文例 5-2】 D 主題・結論と P 主題・結論

世界的に海面水位が上昇しており，ここ数十年，そのスピードは加速している（D 主題　P 主題）．海水の熱膨張，氷河の質量損失，陸域の貯水量，グリーンランドおよび南極氷床の変化が海面水位上昇の原因である（P 結論）．

2019 年 9 月に公表された IPCC 海洋・雪氷圏特別報告書では，20 世紀末から 21 世紀末までの世界平均海面水位の上昇を，今後の対策を取らないとしたシナリオで 0.61～1.10 メートルと評価した（P 主題＝結論）．

この「1.10 メートル」を超える水位上昇になる確率の評価をするにはまだ証拠が不十分だが，南極氷床の末端で張り出した棚氷の底には海水があり，その海水が暖まることで棚氷の崩壊が始まれば，この値を大幅に超え得る．したがって，1.10 メートルという推定値は，未解明の部分を含めない控えめな値と考えた方が良いだろう．

台風による強風と降雨の増大ならびに極端な高波の増加は，海面水位の上昇と合わさって，リスクを増大させる（P 主題＝結論）．100 年に一度しか起きないような高潮が，沿岸部の大都市や島国では今世紀の半ばに，ほかの地域でも今世紀末までには，どこかで毎年起きるようになるとの見方もある．

海水の熱膨張に起因する海面水位上昇は何世紀にもわたって継続するため，2100 年以降も世界平均海面水位が上昇し続けることはほぼ確実である（P 主題）．その上昇幅は将来の排出量に依存する．海洋への熱吸収や氷床の融解は長く続くため，沿岸部での高波・高潮のリスクや津波対策など，22 世紀以降の海面水位上昇を考慮した超長期的なインフラ整備等の対策を取る必要がある（D 結論　P 結論）．

聡　「文章の主題は第 1 パラグラフの主題『世界的に海面水位が上昇しており，ここ数十年，そのスピードは加速している』で，文章の結論は第 4 パラグラフの結論『海洋への熱吸収や氷床の融解は長く続くため，沿岸部での高波・高潮のリスクや津波対策など，22 世紀以降の海面水位上昇を考慮した超長期的なインフラ整備等の対策を取る必要がある』だと思います．

パラグラフの主題と結論を順番に追いかけてみて，そうだと思ったんです．第 1 パラグラフの主題は第 1 文で，『世界的に海面水位……加速している』です．次の文にその原因が書かれているので，これが第 1 パラグラフの結論だと思いました．第 2 パラグラフの第 1 文はこのパラグラフの主題＝結論で，『世界平均海面水位の上昇を…… 0.61 ～ 1.10 メートルと評価した』です．このパラグラフには，その具体的な説明が書かれています．第 3 パラグラフの第 1 文がパラグラフの主題＝結論で，海面水位上昇によるリスクが書かれていますね．第４パラグラフでは，パラグラフの主題が第１文，最後の文がパラグラフの結論です．ここでは，これまでの記述を受けて海面上昇が何世紀にもわたると述べ，超長期的なインフラ整備などの対策が必要だと結んでいます．

文章全体は第１パラグラフの主題を受けており，第２から第４パラグラフはこの主題について書かれていて，第４パラグラフの結論が文章全体の結論と考えました」

先生　「そのとおりです．文章の結論は，文章の主題を受けて，それについてどうしなければいけないかが書かれていますね．文章の主題と結論は対応していることがわかります．主題と結論が対応することは大事ですので，覚えておくとよいですよ．

主題と結論を図解すると，もっとよく理解できるでしょう．図 5-4 に示します．結論のポイントに下線を引きました」

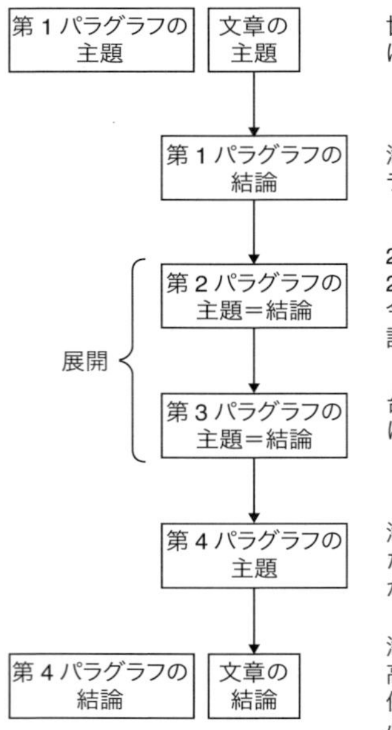

世界的に海面水位が上昇しており，ここ数十年，そのスピードは加速している．

海水の熱膨張，氷河の質量損失，陸域の貯水量，グリーンランドおよび南極氷床の変化が海面水位上昇の原因である．

2019 年 9 月に公表された IPCC 海洋・雪氷圏特別報告書では，20 世紀末から 21 世紀末までの世界平均界面水位の上昇を，今後の対策を取らないとしたシナリオで 0.61～1.10 メートルと評価した．（海面水位上昇予測）

台風による強風と降雨の増大ならびに極端な高波の増加は，海面水位の上昇と合わさって，リスクを増大させる．（台風と高波はリスクを増大）

海水の熱膨張に起因する海面水位上昇は何世紀にもわたって継続するため，2100 年以降も世界平均海面水位が上昇し続けることはほぼ確実である．

海洋への熱吸収や氷床の融解は長く続くため，沿岸部での高波・高潮のリスクや津波対策など，22 世紀以降の海面水位上昇を考慮した超長期的なインフラ整備等の対策を取る必要がある．

図 5-4　【文例 5-2】の主題と結論の図解

悠人「なるほど．下線を引いてそれを見ていても理解できましたが，図解はもっとよくわかります」

5.5 キーワードの変化を追いかけ，読解のキーポイントを見つける　ステップ2

志穂「海面が上昇するなんて，あまり考えてもみなかったけど，怖いですね．でもこの文章は，最初は海面水位の上昇について述べているんですが，最後はリスクが大きいから対策が必要と言っています．どこかで話の方向が変わったんですか？」

先生「文章の中で，話が変わって別の話題になったり，事実の説明から著者の主張が出てきたりするところがあります．そこを押さえると読解がうまくいきますよ．その方向転換するところを，私は**読解のキーポイント**と呼んでいます．そこは**キーワードが変化するところ**です．キーワードとは主題や結論に関係する言葉で，一つの文に一つ以上のキーワードが含まれています．キーワードを追いかけていくと，それが変わる箇所があります．そこがキーポイントです．キーポイントは，変化したキーワードだったり，それを含む文だったりします．どなたかやってみませんか？」

志穂「じゃあ，私がやってみます．キーワードを探して，変わるところって，どこかな……これでどうでしょうか．文章の主題から，キーワードは『海面水位の上昇』とそれに関する言葉だと思います．それらを四角の枠で囲みました．キーワードは一つの文に一つとしました．キーワードが二つありそうな文もありましたが，そこでも一つにしました．

第1パラグラフと第2パラグラフのキーワードは『海面水位上昇』とその値に関するものだと思います．水位上昇が大きいと述べられています．海面水位上昇の事実と予測がデータに基づいて客観的に述べられています．でも，第3パラグラフに『リスクを増大させる』（キーワード）と出てきて，それから後ろは海面水位上昇のリスクが具体的に述べられ，その対策で結論づけられています．この第3と第4のパラグラフは，上の事実と予測を受けて，それに対して著者の言いたいことが書かれていると思います．結論は著者の主張ですね．なので，第3パラグラフの『リスクを増大させる』が話の変わるところ，つまり読解のキーポイントだと思います．波線を引きました」

先生「そのとおりです．補足すると，前半は情報の提供，後半はエビデンスに基づいた著者の主張の展開です．『リスクを増大させる』がその分かれ道だとわかりますね．これでかなり論旨がはっきりしてきました．

この文章は著者の言いたいことが順を追って明確に書かれているので，⑤の微妙な落とし穴はありません．その例は後で出てくるでしょう」

【文例 5-2】　キーワードを見つける，その変化を見つける

世界的に海面水位が上昇しており，ここ数十年，そのスピードは加速している．海水の熱膨張，氷河の質量損失，陸域の貯水量，グリーンランドおよび南極氷床の変化が海面水位上昇の原因である．

2019 年 9 月に公表された IPCC 海洋・雪氷圏特別報告書では，20 世紀末から 21 世紀末までの世界平均海面水位の上昇を，今後の対策を取らないとしたシナリオで 0.61 〜 1.10 メートルと評価した．この「1.10 メートル」を超える水位上昇になる確率の評価をするにはまだ証拠が不十分だが，南極氷床の末端で張り出した棚氷の底には海水があり，その海水が暖まることで棚氷の崩壊が始まれば，この値を大幅に超え得る．したがって，1.10 メートルという推定値は，未解明の部分を含めない控えめな値と考えた方が良いだろう．

台風による強風と降雨の増大ならびに極端な高波の増加は，海面水位の上昇と合わさって，リスクを増大させる．100 年に一度しか起きないような高潮が，沿岸部の大都市や島国では今世紀の半ばに，ほかの地域でも今世紀末までには，どこかで毎年起きるようになるとの見方もある．

海水の熱膨張に起因する海面水位上昇は何世紀にもわたって継続する

ため，2100 年以降も世界平均海面水位が上昇し続けることはほぼ確実である．その上昇幅は将来の排出量に依存する．海洋への熱吸収や氷床の融解は長く続くため，沿岸部での高波・高潮のリスクや津波対策など，22 世紀以降の海面水位上昇を考慮した超長期的なインフラ整備等の対策を取る必要がある．

先生　「さて，論旨を再確認しておきましょう．文章の主題，読解のキーポイントと文章の結論を並べます．そして文章の要点だけを抜き書きして示します(図 5-5)」

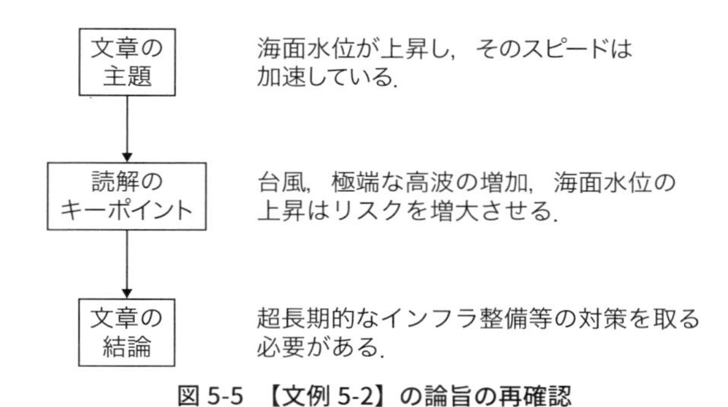

図 5-5　【文例 5-2】の論旨の再確認

悠人　「読解のキーポイントで話が変わることも，主題と結論が対応していることもわかります」

先生　「それはよかったです．1 回読んでもよくわからない文章を読み解くには，このようにするといいんですよ」

5.6　練習問題――読解のキーポイントを見つける　ステップ 2

先生　「練習問題 5-1 をやってみましょう．これは『科学と非科学 その正体を探る』から『科学と似非(えせ)科学の境界線』の箇所を引用したものです．この文章の読解のキーポイントを見つけてください．これまでの文例と同じように，読解プロセスの①と②をやれば見つかりますよ．この文章は【文例 5-2】とよく似た構成で，主題―展開―結論という構造です．まず，文章・パラグラフの主題・結論に下線を引きます．【文例 5-2】と同じように，文章の主題と結論をそれぞれD主題とD結論，パラグラフの主題と結論をそれぞれP主題とP結論としましょう．次にキーワードを枠で囲い，読解のキーポイントを指摘してください．

皆さんで相談していいですよ」

練習問題 5-1　科学と似非（えせ）科学の境界線

もし，科学と似非科学の間に境界線が引けるとするなら，それは何を対象としているかではなく，実はそれに関わる人間の姿勢によるのみなのではないかと私は思う．「非科学的な研究分野」というものが存在するのかどうかは私には分からないが，「非科学的な態度」というのは明白に存在している．科学的な姿勢とは，根拠となる事象の情報がオープンにされており，誰もが再現性に関する検証ができること，また，自由に批判・反論が可能であるといった特徴を持っている．

一方，根拠となる現象が神秘性をまとって秘匿されていたり，一部の人間しか確認できないなど，再現性の検証ができない，客観性ではなく「生命は深遠で美しい」のような誰も反論できないことで感情に訴える，批判に対して答えないあるいは批判自体を許さない――そういった特徴を持つものも，現代社会には分野を問わず(政治家等も含めて)，あまた存在している．

この二つの態度の本質的な違いは，物事が発展・展開するために必要な資質を備えているかということである．科学的と呼ばれようが，非科学的と呼ばれていようが，この世で言われていることの多くは不完全なものである．だから，間違っていること，それ自体は大した問題ではない．間違いが分かれば修正すれば良い．ただ，それだけのことだ．

しかし，そういった修正による発展のためには情報をオープンにし，他人からの批判，つまり淘汰圧のようなものに晒されなければならない．最初はとんでもない主張であっても，真摯に批判を受ける姿勢があれば，修正できるものは修正されていくだろうし，取り下げるしかないものは，

> 取り下げられることになるだろう．この修正による発展を繰り返すことが科学の最大の特徴であり，そのプロセスの中にあるかどうかが，科学と似非科学の最も単純な見分け方ではないかと，私は思っている．
>
> 出典：中屋敷均,『科学と非科学 その正体を探る』, 講談社(2019), p.75-76.

悠人 「へぇ〜,『科学と似非科学』か．似非科学って科学に見えるけど科学じゃないものだよね．何だろう，おもしろそうだなあ」

志穂 「ほんとよね．でも，おもしろがっていないで始めようよ」

悠人 「了解！　簡単そうに見えたけど，ちょっと面倒だなぁ……第２パラグラフは長い一文だけだね．これは主題であり結論なのかな？　こんなパラグラフもあるのかな？」

聡 「それでいいんじゃない？　僕もそう思うよ．その調子でいこうよ．ええ〜と……」

志穂 「キーワードを探してみよう．……難しいわね，いちおう枠で囲ってみようかな？　うーん……」

三人 「先生，僕たちはこんなふうに考えました．ご覧ください」

先生 「なるほど．説明してもらえませんか？」

悠人 「第１パラグラフでは，第１文『もし，科学と……私は思う』がＰ主題＝結論で，Ｄ主題です．このパラグラフは，科学と似非科学の境界線について著者の考えを提示していると思います．『それに関わる人間の姿勢』が『境界線』だと著者は考えているんですね．そして『科学的な姿勢』について説明しています．

第２パラグラフは一つの文なので，これがＰ主題＝結論で，話の流れから考えて，似非科学的な姿勢を説明していると思います」

聡 「次に第３パラグラフは，第１文がＰ主題で最後の文がＰ結論です．科学的な姿勢と似非科学的な姿勢の本質的な違いは，『物事が発展・展開するために必要な資質を備えているか』だと言っています．それが主題で，主題を受けて考察し，『間違いが分かれば修正すれば良い』と結論づけています．このパラグラフは上の二つとは違う感じをもちました．ちょっとわかりにくくて難しいです．

第4パラグラフは，第1文と最終文がそれぞれP主題とP結論です．そしてP結論がD結論です．真の科学は『他人からの批判』を『真摯に』受けて，『修正による発展を繰り返すこと』だと述べています．それがあるかないかが科学と似非科学の見分け方だと読みました．だから科学的な姿勢は，批判に真摯に向き合い修正していくことだと思いました」

志穂「キーワードを探すのが難しかったです．キーワードは『科学』，『似非科学』，『境界線』とそれに関する言葉と考えました．この文章は科学，似非科学とその境界線について書かれているからです．一つの文にキーワードになりそうな言葉がいくつもあるのですが，いちおう一つの文からキーワードは一つとしてみて，枠で囲みました．この文章では，第1パラグラフと第2パラグラフが科学的な姿勢と似非科学的な姿勢を説明しています．それに対して第3パラグラフは，主題が『この二つの態度の本質的な違いは，物事が発展・展開するために必要な資質を備えているかということである』となっています．話がここで変わって，科学的な姿勢について，このパラグラフと第4パラグラフで著者の考えを述べています．そこから，この文章の結論が導かれています．それは悠人君が言うとおりと思います．なので，読解のキーポイントは『必要な資質を備えているか』だと考えて，その箇所をゴシック体に変えました．第3パラグラフの主題文をキーポイントと考えていいのかなとも思いますが…」

悠人「僕は文でも言葉でもいいと思うけどなぁ」

練習問題 5-1　D主題・結論とP主題・結論，キーワード

科学と似非科学の境界線

もし，科学と似非科学の間に境界線が引けるとするなら，それは何を対象としているかではなく，実はそれに関わる人間の姿勢によるのみなのではないかと私は思う（D 主題　P 主題＝結論）．「非科学的な研究分野」というものが存在するのかどうかは私には分からないが，「非科学的な態度」というのは明白に存在している．科学的な姿勢とは，根拠となる事象の情報がオープンにされており，誰もが再現性に関する検証ができること，また，自由に批判・反論が可能であるといった特徴を持っている．

一方，根拠となる現象が神秘性をまとって秘匿されていたり，一部の人間しか確認できないなど，再現性の検証ができない，客観性ではなく「生命は深遠で美しい」のような誰も反論できないことで感情に訴える，批判に対して答えないあるいは批判自体を許さない――そういった特徴を持つものも，現代社会には分野を問わず（政治家等も含めて），あまた存在している（P 主題＝結論）．

この二つの態度の本質的な違いは，物事が発展・展開するために**必要な資質を備えているか**ということである（P 主題）．科学的と呼ばれようが，非科学的と呼ばれていようが，この世で言われていることの多くは不完全なものである．だから，間違っていること，それ自体は大した問題ではない．間違いが分かれば修正すれば良い．ただ，それだけのことだ（P 結論）．

しかし，そういった修正による発展のためには情報をオープンにし，他人からの批判，つまり淘汰圧のようなものに晒されなければならない（P 主題）．最初はとんでもない主張であっても，真摯に批判を受ける姿勢があれば，修正できるものは修正されていくだろうし，取り下げるしかないものは，取り下げられることになるだろう．この修正による発展を繰り返すことが科学の最大の特徴であり，そのプロセスの中にあるかどうかが，科学と似非科学の最も単純な見分け方ではないかと，私は思っている（P 結論　D 結論）．

先生　「皆さんの読み方でよいと思います．読解のキーポイントは，キーワードでもそれを含む文でも構いません．この場合はどちらでもいいでしょう．これ以降は著者の考えが表れていて，前とは論調が変わっています．まさに読解のキーポイントなのです．

ところで，悠人君の言うとおり，第3パラグラフは難しいです．今まで科学とか似非科学とか言ってきたのに，ここで『物事』と『科学』と『似非科学』を含めて『この世で言われていること』と一般化しています．いきなり『物事』と言われてもピンとこないでしょう．それが『発展・展開するために必要な資質を備えているか』というのも難しいです．『資質』って何だろうと思いますね．このパラグラフの最後に『間違いが分かれば修正すれば良い』とありますから，それかなと思いますね．そして文章の最後まで読むと，『資質』に関係しそうな言葉は『真摯に批判を受ける姿勢』とか『この修正による発展を繰り返す』とあるので，これらだと理解できます．でも，最後まで読まないと意味がわからない文章はストレスがたまりますし，目が『資質』のところでとまってしまい前に進めなくなります．

これらは難しい文章の特徴でもあります．前文を受けて新たな議論を展開しようとするとき，前文に出てきたことも含めた新しい言葉（概念と言っていいでしょう）を使うことがあります．ここでは『物事』ですね．最後まで読んでいくと『物事』が『科学』と『似非科学』を含めて『この世で言われていること』だとわかります．このように読み取らないと読解は進みませんね．この文章のように，新たな概念を表す言葉が出てきたときは，後ろの文章に定義や説明があることが多いので，そこまで読んでよく考えないと理解できない場合があります．『資質』もその例です．『資質』の中身が後文で，『間違いが分かれば修正すれば良い』，『真摯に批判を受ける姿勢』や『この修正による発展を繰り返す』と説明されます．文章の最後まで読むと『資質』の意味が明らかになるのです．こんなふうに言葉を追いかけていくだけではなく，言葉と言葉の関係を考えて読まないと読解が進まない場合もあります．自分の言葉で言い換えるのもいいでしょう．逆に言えば，その技術をマスターすると，読解が容易になりますよ．読解上達のコツだと思ってください」

聡　「そうなんですか，言葉の関係なんて考えたこともなかったです．簡単なやり方はありませんか？」

先生「簡単かどうかはわかりませんが，新しい言葉に印(？や □ など)をつけて，前後に関係しそうな言葉を探したり，後文にその言葉の定義や説明がないか探したりしながら読むといいでしょう．新しい言葉の前や後ろに目配りすることが大事です．関係する言葉，定義や説明を見つけたら，それらを線で結んだり，自分が理解したことを行間や余白に書き込んだりすると，わかりやすくなりますよ．第3パラグラフと第4パラグラフの例を示します」

練習問題 5-1　第3，4パラグラフの読解

？資質とは，修正すること，
批判を受け止め，修正することか

？物事とは，この三つか

この二つの態度の本質的な違いは，物事が発展・展開するために必要な資質を備えているかということである．科学的と呼ばれようが，非科学的と呼ばれていようが，この世で言われていることの多くは不完全なものである．だから，間違っていること，それ自体は大した問題ではない．間違いが分かれば修正すれば良い．ただ,それだけのことだ．

しかし，そういった修正による発展のためには情報をオープンにし，他人からの批判，つまり淘汰圧のようなものに晒されなければならない．最初はとんでもない主張であっても，真摯に批判を受ける姿勢があれば，修正できるものは修正されていくだろうし，取り下げるしかないものは，取り下げられることになるだろう．この修正による発展を繰り返すことが科学の最大の特徴であり，そのプロセスの中にあるかどうかが，科学と似非科学の最も単純な見分け方ではないかと，私は思っている．

聡　「あぁ，なるほど．これだとわかりやすいですね．バッチリです．今度やってみます」

科学と似非科学の違い

科　学	似非科学
・根拠となる事象の情報がオープン	・根拠となる現象が秘匿
・誰もが再現性に関する検証ができる	・再現性の検証ができない
・自由に批判や反論が可能	・批判に対して答えない，あるいは批判自体を許さない
	・客観的ではなく，誰も反論できないことで感情に訴える

科学であることの要件

・間違うことがある
・他人からの批判を真摯に受け，間違いを修正できる
・修正による発展ができる

図 5-6　練習問題 5-1 から読み取った科学と似非科学の違い

先生「せっかくのいい機会だから，この文章から読み取った科学と似非科学の違いを図 5-6 にまとめました．科学や似非科学を考えるときの参考になるでしょう」

悠人「わかりやすいですね！　これ，いただきます．ありがとうございます」

志穂，聡「私たちもいただきます．ありがとうございます」

先生「少し疲れましたね．このあたりで休憩して，お茶の時間にしましょう．甘いラテがいいですか？　私がつくりましょう」

三人「ありがとうございます！」

5.7　前振りや補足を見つける　ステップ 3

先生「再開しましょう．今まで検討した文章はタイプ A や B のように形式が整ったものです．すべての文章が，形式が整い，論旨が通っていて無駄のないものであれば，これまで説明したことを身につければ，読解は難しくないでしょう．

しかし，**前振り**が主題の前にあったり，結論の後に**補足**が続いたりする文章もあります．それらは文章を構成する要素で，著者が必要と考えたからその場所に置かれているのですが，文章の本筋を読み取って論旨

を理解するには，いったん脇に置いておくとよいです．前振りや補足のある文章も，慣れると読解が容易になります．

【文例 5-3】を読んでください．少し長いですが，この文例は，『アインシュタインをめぐるイメージの諸相』という文章の一部を引用したものです．天才科学者アインシュタインのイメージがどのように形成されてきたのかを述べています．ここで取り上げたのは，天才科学者としてのイメージと，それが何に拠るのかを述べた箇所です」

【文例 5-3】　天才科学者アインシュタインのイメージ

アルバート・アインシュタインは，様々な形で偶像化されてきたが，中でも有名なのは，映画『バック・トゥ・ザ・フューチャー』の登場人物ドクだろう．ボサボサの白髪頭のキャラクターが，アインシュタインをモデルに作られたことはよく知られている．ドクの名前エメット・ブラウンはロケットの研究と開発で著名なヴェルナー・フォン・ブラウンから取られているものの，彼が飼っている犬の名前はそのままアインシュタインである．ドクは前節で論じた天才科学者の一般的なイメージ[1)] をすべて備えているため，見た目以外のどの部分にアインシュタインの要素が反映されているのかを見極めるのは困難だ．

たしかに，アインシュタインをモデルにしたキャラクターから，直接アインシュタインが代表する科学者イメージを引き出すことは難しい．しかし，他の偶像と比べることで，アインシュタインをモデルにしたキャラクターの特徴を浮き彫りにすることはできる．『博士の異常な愛情または私は如何にして心配するのを止めて水爆を愛するようになったか』[2)]は，極端だが非常にわかりやすい例である．スウィフトやシェリーの作品がそうであったように，科学者の人間味ではなく珍妙さと狂気が強調されているのである．翻って考えてみると，ドクには他の作品における科学者に与えられたようなグロテスクな，あるいは悪意あるキャラクター設定がなされていないことに気付く．やはりアインシュタインをモデルにしたと言われる，マンガ『鉄腕アトム』のお茶の水博士も同様である．お茶の水博士は多少珍妙ではあるものの，狂気はまったく感じさせず，むしろ良心と正義の性格が付与されている．このように，アインシュタインをモデルにしたキャラクターと他の科学者をモデルにしたキャラクターとでは，その描かれ方がずいぶん異なっているのである．アインシュタインは人間味にあふれた善玉の科学者のイメージを持っていると言えそうだ．

善玉の科学者としてのアインシュタインのイメージは，いったいどこから来るのだろうか．おそらく，1つにはアインシュタイン自身のキャラクターがその源泉だろう．彼のお茶目で人懐っこい性格は，有名な写真だけでなく世界各地を訪問したときの様々なエピソードによってもよく知られている．もう1つの源泉は，彼の政治的な態度にあるだろう．彼は，第一次大戦中から平和主義を主張したことで知られる．第二次大戦中は一部戦争を肯定することになったものの，ナチスによるユダヤ人迫害が激化するまでは，人間を戦争というくびきから解き放とうとジークムント・フロイトと書簡のやり取りを行った．また，マンハッタン計画の引き金となったルーズベルト大統領宛書簡にサインをしたものの，原爆開発後は日本への投下を阻止しようとした．彼は原爆投下前から世界政府の必要性を主張し始め，原爆投下後は一層その活動にまい進した．死の直前にはラッセル・アインシュタイン宣言に署名をし，彼の遺志のもと核廃絶を訴える科学者たちによりパグウォッシュ会議が発足した．こうして並べて見ると，アインシュタインの性格と平和主義がアインシュタインをモデルにしたキャラクターの善玉イメージに寄与していることは，間違いなさそうだ．

出典：古谷紳太郎,「アインシュタインをめぐるイメージの諸相」, 現代思想, 2019年8月号, p.173-174.

[1] 引用者注：天才であることに，珍妙さや狂気などの要素が加わったイメージ．

[2] 引用者注：スタンリー・キューブリック監督の映画．キューバ危機によって極限状態に達した冷戦の情勢を背景に，偶発的に核戦争が勃発し，人類滅亡に至るさまを描くブラックコメディ．大統領科学顧問のストレンジラヴ博士は，核戦争の専門家で，緊急事態にも薄気味悪い笑みを浮かべて終始一貫して恐れを見せず，奇行が目立つ(ウィキペディアより)．

先生「この文章は三つのパラグラフからなりますが，前振りが2か所あります．まず，それを指摘してください．次に，前振りを除いて，文章・

パラグラフの主題・結論を言ってください」

悠人「確かに長いですね．でもアインシュタインのイメージなんて，おもしろいですね．
　前振りの一つは最初のパラグラフではないでしょうか．ほかの二つのパラグラフと少し観点がずれているように感じましたし，このパラグラフがなくても残りの文章は理解できます．だけど，これがあると２番目のパラグラフに興味をもってすんなりと入っていけますね」

先生「そのとおり，第１パラグラフは前振りです．次のパラグラフへスムーズに導入する役目を果たしていますが，この文章の論旨と直接つながりません．もう一つあるんですが，わかりますか？」

聡「第２パラグラフの最初の文ではないでしょうか？　この文は前のパラグラフを受けて，第２文の『しかし』以下を導く役目をしている気がします」

先生「そのとおり，この文は第２パラグラフの主題でも結論でもなく，このパラグラフの主題(『しかし』以下の文)を導きます．お見事です」

聡「そうすると，第２パラグラフの主題は第２文の『他の偶像と比べることで，アインシュタインをモデルにしたキャラクターの特徴を浮き彫りにすることはできる』で，結論は最終文の『アインシュタインは人間味にあふれた善玉の科学者のイメージを持っていると言えそうだ』ですか．なるほど，前振りを除くと主題は最初の文で，結論は最後の文になりますから，**【文例 5-1】**や**【文例 5-2】**の文章と同じ構造になりますね．よくわかりました！」

志穂「第３パラグラフの主題は第１文の『善玉の科学者としてのアインシュタインのイメージは，いったいどこから来るのだろうか』で，結論は最終文の『アインシュタインの性格と平和主義がアインシュタインをモデルにしたキャラクターの善玉イメージに寄与していることは，間違いなさそうだ』と思います．この文は文章全体の結論です」

文章の主題（第2パラグラフの第2文）

他の偶像と比べることで，アインシュタインをモデルにしたキャラクターの特徴を浮き彫りにすることはできる．

第2パラグラフ

主題：他の偶像と比べることで，アインシュタインをモデルにしたキャラクターの特徴を浮き彫りにすることはできる．
結論：アインシュタインは人間味にあふれた善玉の科学者のイメージを持っているといえそうだ．

第3パラグラフ

主題：善玉の科学者としてのアインシュタインのイメージは，いったいどこから来るのだろうか．
結論：アインシュタインの性格と平和主義がアインシュタインをモデルにしたキャラクターの善玉イメージに寄与していることは，間違いなさそうだ．

文章の結論（第3パラグラフの最終文）

アインシュタインの性格と平和主義がアインシュタインをモデルにしたキャラクターの善玉イメージに寄与していることは，間違いなさそうだ．

図 5-7 【文例 5-3】の文章・パラグラフの主題・結論

悠人「聡君と志穂さんの指摘を図 5-7 にまとめました．第1パラグラフは前振りなので省きましたが，それでいいでしょうか？」

先生「前振りは文章の主張と直接には関係ないと見なしてよいので，省いて構いません．悠人君の書いたとおりです．この文章は，『天才科学者アインシュタインのイメージ』を『他の偶像と比べることで，アインシュタインをモデルにしたキャラクターの特徴を浮き彫りにする』ことにより，明らかにしたいのです．そこで例を出して検討し，『アインシュタインは人間味にあふれた善玉の科学者のイメージを持っている』との見解に達します．ついで，その『イメージは，いったいどこから来るのだろうか』と疑問を出して，『アインシュタインの性格と平和主義がアインシュタインをモデルにしたキャラクターの善玉イメージに寄与していることは，間違いなさそうだ』との結論に達しています．このように，前振りを除いてパラグラフの主題と結論をつないでいくと，文章の論理展開がよくわかりますね」

聡　「今の先生の説明を聞いて，ピンときました．読解のキーポイントは『アインシュタインは人間味にあふれた善玉の科学者のイメージを持っていると言えそうだ』ではないでしょうか．それまでは，アインシュタインのイメージに関係するデータ（情報）をいろいろと提示していますが，この文から著者の主張が始まっていると思います」

アルバート・アインシュタイン
（1879 ～ 1955）

先生　「鋭いですね,そのとおりです．次の文『善玉の科学者としてのアインシュタインのイメージは，いったいどこから来るのだろうか』は，疑問形の形をとって著者の主張が始まることを示しています．読解のキーポイントを見つけるのもうまくなりましたね．

さて，この文例のように前振りがあったり，補足が入っていたりする文章では，パラグラフの最初の文＝主題・結論，最後の文＝結論とならないので，文章を読むときには注意しましょう．

また，書籍のように長い章や節で構成されているものでは，節の最後のパラグラフは次の節の呼び水になっていることもあり，**図 5-1** の形式とは異なる構成のときもあります．文章は人が書くもので，ある意味いろいろと変化する生き物のようなものですから，形式から外れたものもあることは覚えておきましょう」

5.8　微妙な落とし穴にはまらない方法──難しい言葉を言い換える　ステップ 3

先生　「さて，文章中に，横道にそれる箇所や誤解を招く言葉があることもあります．これを**微妙な落とし穴**と言いましょう．この落とし穴にはまると，話の本筋を見失ってしまいます．なので，そのような文章を読んで，落とし穴にはまらない方法を身につけましょう．

さらに，文章中になじみのない難しい言葉が出てきて，目が止まってしまうこともあります．意味がわからないから文の内容がちっとも頭に入ってきません．そんなときは難しい言葉を**自分の言葉に言い換える**とよいでしょう．そのやり方をつかむと，読解が楽しくなります．

【文例 5-4】を読んでみましょう．この文章はレイチェル・カーソンの遺稿集から引用しました」

志穂 「レイチェル・カーソンって，『沈黙の春』のあのレイチェル・カーソンですか？」

先生 「はい．この遺稿集に，女性ジャーナリスト協会『シータ・シグマ・ファイ』が開催する昼食会に招待されて行った講演『われらをめぐる現実の世界』が入っています．その中から一部を引用しました．カーソンが生物学研究や野生生物保護で体験した自然の美しさと神秘をいろいろな例を取り上げて話し，続いて自然の美しさが個人や社会の精神的発展に果たす重要な役割を語っていきます．ここで取り上げた文章は，自然の美しさと人間精神との関係を述べた箇所です．この文章は講演を記録したもので，聴衆に寄り添うように語られています．

しかし，微妙な落とし穴があって，戸惑う箇所があります．それを見つける練習です．また，この文章には難しい言葉がいくつかあって，すんなりと理解できませんし，文章の主題と結論は明快に書かれていますが，難解です．主題と結論も含めて，これらの難解な言葉の意味をよく理解するには自分で考えて自分の言葉で言い換えるとよい，そんな文章です．言葉を言い換えて理解を深めることの詳細は次章で学びます．この文章は，その手始めとも考えてください．では，読んでみましょう」

【文例 5-4】 われらをめぐる現実の世界

いろいろと話をいたしましたが，私の人生のほとんどは，この地球が持つ美しさと神秘，そしてそこに棲む生物が持つさらに深い神秘に，深くかかわってきたことをおわかりいただけると思います．つねにそうしたことを考えて生活していれば，人はだれでもより深く考え，自分自身に対して鋭い，しばしば回答不能な問いを投げかけ，そしてある種の哲学を悟るものです．

私自身も含めて，地球とそこに棲む生物に関する科学を扱っている人々に，共通する特質がひとつあります．それは，けっして飽きることがない，ということです．飽きることなどできないのです．調べるべき新しい事柄はつねに存在します．あらゆる謎は，ひとつ解明されれば，より大きな謎の糸口となるものです．

たとえば，スウェーデンの偉大な海洋学者，オットー・ペテルソンはまたとない例でしょう．数年前に93歳でなくなりましたが,晩年になっても，その鋭敏な精神の力はまったく衰えませんでした．やはりすぐれた海洋学者である彼の息子は，最近の著書で，父親が周囲の世界にかかわる新しい経験や発見の一つひとつを，いかに心ゆくまで楽しんでいたかを語っています．「父は根っからのロマンチストで，生命と宇宙の謎を真剣に愛し，自分はその謎を解明するために生まれてきたのだと堅く信じていた」と彼は書いています．90歳をすぎて，もはやこの世の光景を楽しめる日々も長くはないと覚悟したとき，オットー・ペテルソンは息子にこういったそうです．「末期の瞬間に私をつなぎとめるのは，つぎに何が起こるのか知りたいと願う，かぎりない好奇心だろう」

自然界とふれあうことの価値，その喜びは，科学者だけのものではありません．人気のない山頂や，海のまっただなかや，森の静寂に身をおく人，あるいは，植物の種子が育つ仕組みのようなささいな神秘に目をとめて，それについて考えられる人なら，だれでも手に入れることができます．

今宵こうして，自然の美しさが個人や社会の精神的発展に欠くべからざるものだと信じていると語ることによって，たとえ皆さんから感傷的な人間だと思われようと，私はまったく構いません．私たちが自然の美しさを破壊するとき，あるいは，地球の自然の姿を人工的なものに置き換えるとき，それは人間の精神的成長を多少なりとも阻害することに他ならない，と私は確信しています．

人間の精神が地球そのものとその美しさに惹かれるには，深く根ざした，論理にかなった根拠があるにちがいありません．人間として，私たちは生命の大いなる流れからすれば，ほんの一部分にすぎないのです．人間の歴史は，おそらく100万年ほどのものでしょう．しかし，姿を変えながら受け継がれる生命そのものは，自分自身や周囲の環境を認識する神秘の存在であり，だからこそ，感覚を持たない岩や土——生命は数億年前にそうしたものから目覚めたのではありますが——とは異なるのです．人間は進化し，努力し，周囲の環境に適応し，莫大な数にまで増えました．でも，その生命の原形質は，空や水や岩と同じ要素でできています．そこへ，謎に満ちた生命の輝きがくわえられたのです．私たちの起源は地球にあります．ですから，私たちの体の奥底には，自然界に呼応するものが存在するのであり，それは人間性の一部分なのです．

出典：レイチェル・カーソン著，リンダ・リア編，古草秀子訳，『失われた森　レイチェル・カーソン遺稿集』，集英社(2009)，p. 221-224.

先生「この文章は六つのパラグラフからなります．もう文章とパラグラフの主題・結論を見つけるのは容易と思いますが，落とし穴や難解な言葉に引っかかると面倒かもしれません．

第1パラグラフの最初の文は，前の文章を受けた前振りで，次の文の一部『人はだれでもより深く考え，自分自身に対して鋭い，しばしば回答不能な問いを投げかけ，そしてある種の哲学を悟るものです』が文章の主題です．文章の結論は『私たちの体の奥底には，自然界に呼応するものが存在するのであり，それは人間性の一部分なのです』です．

ではまず，落とし穴を指摘してください．次に，読解のキーポイントを見つけてカーソンの言いたいことを理解しましょう．その後で難解な言葉を言い換えてください」

聡「わりと読みやすい文章ですが，先生のおっしゃるように，あちこち引っかかってしまいます」

悠人「僕もそうです．文に出てくる言葉を覚えておいて，それを意識しながら次の文を読んで，その文の言葉と前の文の言葉を関係させて考えないと，わからなくなってしまいます．難しいです…」

志穂「ほんとね．わかるような，わからないような…．文章の主題『回答不能な問いを投げかけ，そしてある種の哲学を悟る』と結論『私たちの体の奥底には，自然界に呼応するものが存在するのであり，それは人間性の一部分なのです』は難しいですね．よくわかりません．それと，第6パラグラフの主題『人間の精神が地球そのものとその美しさに惹かれるには，深く根ざした，論理にかなった根拠があるにちがいありません』も難しいですね．ということは，主題や結論の文章が難しいから，わかりにくいのかな？」

聡「そうか，志穂さん，鋭い！　あと，第5パラグラフの『感傷的な人間』が引っかかります．辞書でこの言葉を調べると『感じやすく涙もろいさま』と出ています（『広辞苑 第七版』）．ちょっと違うんじゃないかな…ここ引っかかりますね」

悠人「僕も引っかかりました．これが微妙な落とし穴ですか？」

先生「この文章では主題と結論が難しい言葉で書かれており，さらにそれらが考えさせるものです．つまり含蓄ある言葉なので，読者は難しいと感じると同時に，自分なりにそれは何だろう？と考えさせる文章です．文章を読み，考えて，自分の言葉で表してみると，わかるようになってきます．これは後でやってみましょう．

皆さんが引っかかった『感傷的な人間』は微妙な落とし穴です．ここにはまると読解が止まりますし，そこまでいかなくても戸惑いますね．カーソンが感傷的と言ったのは，おそらく非論理的または非科学的を意味するつもりだったのではないか，と私は考えています．皆さんご存じのように，自然を研究するとき，私たちは自然を客観化します．つまり，観察者・実験者である私たちは，自然から離れたところにいて，そこから自然を客観的に観察し実験して，観察・実験結果を論理的・合理的に考察します．それを私たちは論理的・合理的な科学的方法と言います．このとき，私たち人と自然はそれぞれ別のものであり，自然は人にとって観察・実験する対象と考えます．そのとき，『自然』に対して『美しさ』とか『精神的発展』という言葉を使うことは，科学的とは言えないかもしれませんね．だから感傷的と言ったのだと思います．むしろカーソンは，人と自然は別のものではなく，つながり合っていると言いたかったのでしょう．この表現は，第5，第6パラグラフに出てきます．

このように引っかかる箇所が出てきたら，まずはそれを飛ばして読み進めましょう．落とし穴にははまらなくてよいのです．たいていはそれで問題ありません．このケースでも『感傷的』を含む語句を読まなくても，前後の文をつなげれば，このパラグラフの意味を理解できます．パラグラフまたは文章全体の意味を理解したら，その箇所に戻って，もう一度考えればよいのです．このケースでも，全体を理解すれば，カーソンが『感傷的』と言った理由や気持ちがよくわかりますし，そうなれば，この文章はもっと味わい深いものになるでしょう」

三人 「そうなんですね，よくわかりました！」

先生 「次に進みましょう．読解のキーポイントを指摘してほしいのですが，その前に，この文章の論理展開を誰か説明してもらえませんか？　そうしないとキーポイントがピンとこないかもしれないので」

悠人 「では，僕がやってみます．……この文章は，地球が持つ美しさと地球と生物の神秘を考えて生活している人は『回答不能な問いを投げかけ』て『ある種の哲学を悟るものだ』と問題提起をしています．先ほど先生がおっしゃったように，これが文章の主題です．

次に第2，第3パラグラフで，生物に関する科学を扱っている人々に共通する特質がひとつあって，それは探求することに飽きることがないということです．それを第2，第3パラグラフで例を出して話しています．

第4パラグラフの冒頭で『自然界とふれあうことの価値，その喜びは，科学者だけのものではありません』と話題をより広げます．

第5パラグラフの最初の文は，先生のアドバイスに従い，『感傷的な……』を省いて，『自然の美しさが個人や社会の精神的発展に欠くべからざるものだと信じていると語りたい』と言い換えます．そうすると，カーソンの本当に言いたいことがよくわかるような気がします．だから，『地球の自然の姿を人工的なものに置き換えるとき，それは人間の精神的成長を多少なりとも阻害することに他ならない』とカーソンは確信できるのです．

第６パラグラフはそれを受けて，『人間の精神が地球そのものとその美しさに惹かれるには，深く根ざした，論理にかなった根拠があるにちがいありません』とカーソンは主張します．そして『生命そのものは，自分自身や周囲の環境を認識する神秘の存在』であり，『私たちの起源は地球』にあると言い，『私たちの体の奥底には，自然界に呼応するものが存在するのであり，それは人間性の一部分なのです』と結論づけています．あ～，疲れた」

志穂　「悠人君，すごい！　うまくまとめたわね．私もそう思う」

聡　「そうなると，読解のキーポイントは，第５パラグラフの最初の文で，悠人君の言う『自然の美しさが個人や社会の精神的発展に欠くべからざるものだと信じている』かな？　これより前(第１～第４パラグラフ)は地球と生物，つまり自然を探求したり，ふれあったりすることの喜びについて語っています．それを聴衆に理解してもらい，第５パラグラフの最初でカーソン自身の考えを述べています．なので，ここが読解のキーポイントだと思います」

志穂　「そこは微妙な落とし穴でもあるんだよね．あぁ，この文章が難しいのは，そこもあるのかな？」

先生　「聡君，そのとおりです．第５パラグラフから著者の主張が始まっていますね．そういう意味で，聡君の指摘したところが，読解のキーポイントです．文章の論理展開も悠人君に付け加えることはありません．皆さん，うまく読解できるようになりましたね」

志穂　「けれど，この難解文は，まだ意味がよくわからないのですが…」

先生　「文章の論理展開を理解できたわけですから，もう一度読んで考えてみましょう．その前に，『回答不能な問い』と『哲学』について説明しておきます．そうすると，文章の主題をよく理解できるでしょう．皆さんは哲学をどんな学問と考えていますか？」

悠人　「哲学ってプラトンとかアリストテレスとか，哲学概論の講義で出てきた内容ですね？　あの哲学者はこう言ったとか，この哲学者の哲学は何だとか，そんな話が延々と続いて，難しい言葉が次々と出てきて，ほとんどわからなかったです．単位は取れたんですけど…」

先生　「大学では教養科目に哲学概論や哲学入門がありますから，理系の皆さんも一度は触れたことがあるでしょう．でも，哲学は皆さんにとても関係するものです．哲学とは，何かについて問う，それも根源的に問い，それについて自分なりに考えてみることだと，私は思っています．問いは，当たり前のことを疑い，本当にそうなのかとことん追求して達したものに価値があります．これを根源的な問いと言います．つまり，『なぜ？なぜ？なぜ？なぜ？なぜ？』と『なぜ？』を5回繰り返して得た問いであり，問いは『なぜ◯◯は□□なのだろうか』という文になるでしょう．その問いに対して，自分の頭で，自分のもっている知識を総動員して考えます．考えたことはどんなことでも口に出して，紙に書いて，それを見て，さらに考えていきます．どんなことでも，というのが大事です．そこからさらに思考を進めます．考えが進んだ段階では，できるだけ論理的になるようにしますが，直感も大事にします．すべてを論理的・合理的にまとめなくても大丈夫です．ただし，正解を求めません．多方面から考えて，いくつかの答えを出すことに価値があります．そういう意味で，哲学とは回答不能な問いに対して回答を試みる行為と言えます．そのような問いと答えを実践すると，その人は哲学をもっていると言えるし，そのような人を哲学者と呼べるでしょう．

このように説明すると，哲学は身近にあると思いませんか？」

聡　「一生懸命考えています，と言いたいところですが，先生のおっしゃるように考えているかなぁ….それに，自分で問いを立てるってしたことがないんです」

先生　「そうかもしれませんね．でも，これから大学院に進学したり，就職で社会に出たりすると，自分で問いを立てることも，それについて考えて答えを求めることも多くなります．だから，ここで慣れておくと役に立ちますよ」

志穂　「『正解を求めない』と先生はおっしゃいましたが，問いに対して正解はあるのではないでしょうか？　学校の演習問題には必ず正解がありますし，先輩の研究発表会でも研究課題に対して結論を言っていますし…」

先生　「そうですね．理系の演習問題には正解があります．研究発表会では課題に対して結論があり，その課題に対して結論は多くの場合，正解になることが多いのですが，間違えること(否)もあります．理系分野では多くの場合，問い(課題)に対して得られた回答(結論)が正しいか否かについては，実証する手段があります．研究ではありませんが，ある試薬が酸であるか否かは，酸の性質があるかどうかでわかります．H^+ 濃度を測定して 10^{-7} mol/L 以上であれば，酸性と言います．実際には pH メーターで pH が 7 以下のとき酸性と判断します．だから問いがあれば，時間はかかるかもしれませんが，正しい解を得られると理系では考えられています．

ところが，社会や人間に関わる問題では，このような実証方法がなかったり，人の価値観や世界観で見解が異なったりすることも多いのです．先ほど言い忘れましたが，問いを『回答の実証方法がない問い』とすると，より哲学的になりますね．その回答に十分な意味があるのです．複数の解があることを確認するのは価値のあることです．そんな考え方もあるのか，そのように見られるのかと，自分の考えを見直すこともできます．また，皆でそれについて議論し，合意できる解を見いだすことにも価値があります．理系とは違った価値観を見つけられるのです．

さて，話をカーソンの文章に戻しましょう．先ほど志穂さんが難解文を三つあげました．主題，結論と，もう一つですね．このような難解文は，文章の中でそれを言い換えたり，説明したり，例を出したりているところがあります．まずそのような箇所がないか調べましょう．次に，自分ならどのような言葉で表すか考えます．文章中の言葉を使ってもよいし，自分なりに言葉を探しても構いません．それを口に出して言ってみて，紙に書いてみます．パソコンやタブレットに打ち込んでもいいですよ．このようにすると，読者である自分の理解したことが言葉として目の前に現れてきますので，自分の理解したことがより明確になります．それが自分の解釈であり，難解文の読解になるのです．どなたかやってみませんか？」

志穂 「私が言ったことだから，主題についてやってみます．先生に哲学を説明していただいたので，この主題が何となくわかった気がします．主題は『自分自身に対して鋭い，しばしば回答不能な問いを投げかけ，そしてある種の哲学を悟るものです』だと考えました．『回答不能な問い』とは，哲学的な問いなんですね．だから，人はその問いに自分なりの答えを出して『ある種の哲学を悟る』と言ったんですね．後ろの文から考えると，哲学的な問いとは，なぜ人は自然探求に飽きることがなく，自然界にふれあうのだろうか，ではないでしょうか」

悠人 「そうか．第2～第4パラグラフは主題の説明なんですね．聴衆はこの主題をカーソンの呼びかけととらえたんじゃないでしょうか．それに対して『問い？』,『哲学？』と身を乗り出したかもしれませんね．わからない文は，読むことを止めるのではなくて，それは何だろう？と興味をもって読み進めるとよいのかな．後ろに答えがあるんですね」

先生 「よいところに気がつきましたね．読者がわからないのは当たり前です．その言葉を初めて見るのですから．でも，著者は十分に考えて，その言葉を使っているのだから，その言葉で言いたいことは後ろにあります．興味をもって，とは立派です」

聡 「読解のキーポイントがある第5パラグラフから，カーソンの主題に

レイチェル・カーソン
（1907～1964）

対する回答が始まるんですね．カーソンは『自然の美しさが個人や社会の精神的発展に欠くべからざるものだ』と信じており，だから『自然の美しさを破壊する』と『人の精神的成長』が妨げられるのです．そして『人間の精神が地球そのものとその美しさに惹かれるには，深く根ざした，論理にかなった根拠があるにちがいない』と述べて，『私たちの体の奥底には，自然界に呼応するものが存在するのであり，それは人間性の一部分なのだ』と結論づけています．

『ある種の哲学を悟る』とは『私たちの体の奥底には，自然界に呼応するものが存在する』のを心から知ることなんですね」

志穂　「そうなのね．でも，体の奥底にある自然界に呼応するものって何だろう？」

悠人　「そうだよね．まだピンとこないな」

先生　「それなら，ここで自分の言葉に言い換えてみてください．この文章と自分のもっている知識と感性を総動員して，考えてみるのです．ぼんやりとしていてもいいから，言葉にしてみましょう．それを繰り返すと，少しずつ自分の考えになりますよ．一度で正解を言おうと思わないことです」

志穂　「生命は地球から生まれたんだし，地球と同じ元素で私たちはできているから，生命と地球は呼応しているよね？　カーソンもそんなこと言っているし…」

聡　「地球に心があって信号を送っているのかな？　SF みたいだけど…」

悠人　「生命体は，そして人間も環境から影響を受けて，環境に合わせて生きてきたんだから，環境と一体になっているはずだよね？　人に理性と感性が備わったとき，自然環境を美しいと思い，その中にいると安らぎを覚えたのかな？」

志穂 「そうよね．人は自然界の中で進化したんだから，自然を美しいと思う感情がDNAに組み込まれているかもしれない」

悠人 「それが僕たちの原始的な脳に不揮発性メモリとして記憶されていると考えてもいいんじゃないかな」

先生 「皆さんがしたように，自分の考えたことを口に出して，皆に聞いてもらい，フィードバックを受けて，また考え直す．このようにすると，一つの考えにまとまっていきます．そうすると，自分なりに言い換えることができます．それは最終的な答えではありませんし，一つに集約されるものでもありません．文章の読み方は各人各様でよいのです．別の読者の場合には，別の読み方をしたり，別の考えになったり，別の表現をするかもしれません．それでよいのです．レイチェル・カーソンの文章は複数の読み方ができる価値のあるものです．このように難しい本を読むときは，一人ひとりの考えたことを書いて語り合うと，より深く読解できます．

今は皆さんで議論して進めましたが，一人のときは，口に出す，書く，それを第三者として見て，それに対して意見を出す，その繰返しを行うのです．自信をもっていいですよ」

三人 「ありがとうございます．ほめられると普通にうれしいです」

先生 「今回は皆さん，ある程度納得できるところまでわかったと思います．でも，わからないときもあります．それは，書かれている文章の域に今の自分がまだ達していないからです．知識が足りないのかもしれないし，経験が不足しているのかもしれません．そのときは『わからない』をそのままにして，心の中に大切に置いておくのです．私は『わからないを大切に』と言っています．仕事や勉強を積み重ねて，つまり人生を積み重ねて多くのことを経験すると，わからないことが少しずつわかってきて，『あ〜，あれはこうだったのか』とわかるときが来るでしょう．そのときを楽しみにするのです」

5.9　雑誌記事の構成と読解法　ステップ3

先生　「これまで話したことで，文章の読解法がわかってきたと思います．ここでもう一つ，雑誌記事の構成と読解法を説明しましょう．最新科学は学会の機関誌だけでなく，科学雑誌やニュース雑誌でも伝えられます．これらの雑誌は特有の構成なので，それに慣れると雑誌記事を理解しやすくなりますし，読解のポイントもわかりますよ」

聡　「理系文（タイプAとタイプB）の構造は以前に教えていただきましたが(図5-1)，それとは違うんですか？」

先生　「その応用と思えば，わかりやすいでしょう．もちろん雑誌記事特有の点もあります．図5-8を見てください．雑誌記事は，ほぼこのような構造で，いくつかのパートからなります．

まず**表題**です．表題は，記事の内容を示す文節または文で，文章の**主題**（トピックス，何についてか）と**目的**（何を言いたいのか）が手短に書かれています．しばしば人目を引く言葉や凝った言葉が使われます．欧米の雑誌では，欧米人になじみのある古典や多くの人が知っている言葉を引用したり，流行語を使うこともあります．読者の関心を引くためです．

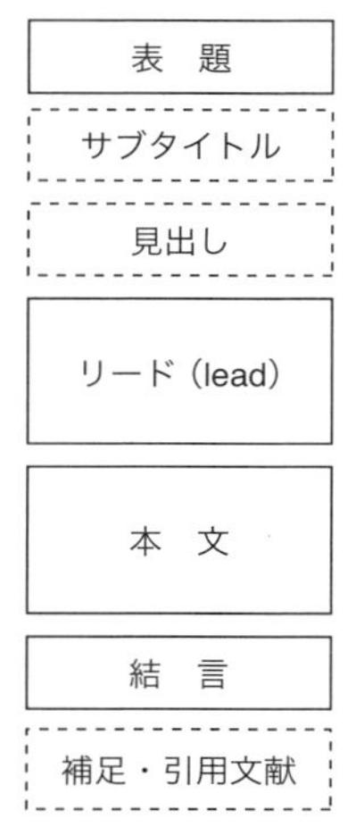

図5-8　雑誌記事の構造

サブタイトルがつくこともあります．サブタイトルは，記事の概要をまとめた1〜2行ほどの短い文章です．読者は表題とサブタイトルを見て，その記事を読むかどうかを決めることが多いので，これらはよく練られて書かれています．見出しをリード(後出)や本文中に置くこともあります．記事の一部の内容を端的に示す短い文節で，その内容の理解を助ける言葉で書かれます．

文章の最初に**リード（lead）**が置かれます．リードは記事の重要な部分です．本文の前提になることや関連することを述べ，記事に興味をもってもらい，本文へ導入する役目があります．読者に「うん！」「おやっ？」と強く印象づける文章で書かれています．欧米の雑誌ではリードの文章がうまいなと感心することが多く，記者の筆力はすごいと唸らされます．

リードに続いて，**本文**が来ます．本文は，（主題＝結論）―展開または主題―展開―結論で構成されますが，多くの場合は前者です．本文の第1文に注意して読むと，記事の全容をつかみやすく，これは読解のコツと言ってよいでしょう．

ついで**結言**が置かれます．主題―展開―結論の構成では，ここに結論が置かれます．（主題＝結論）―展開の構成では，記事全体を締める文が置かれます．落ちと言ってもよく，ひねりのある言葉やウィットに富んだ言葉で締めくくられることも多いです．主題＝結論が最初に置かれるものでは結言がないこともあります．

最後に，**補足**や**引用文献**がつくこともあります．つけ加えておきたいことや記事に引用した文献が記されます．補足はつけ足しではありません．記事を構成する要素です．

すでにお話しした**キーワード**や**読解のキーポイント**は，ここでも有効です．キーワードは表題やサブタイトルに関連する言葉で，リード以下に出てきます．各パートで言葉が変わることもあります．読解のキーポイントは本文の最初に置かれることが多いです」

悠人　「先生，お話はわかりましたが，例がないとピンときません」

先生　「そうですね．では，**【文例5-5】**を読んでみましょう．Natureダイジェストから引用しました．サブタイトルは『広域の温度変化を追跡する新手法』で，見出しは記事の中ほどに太字で書かれています．この記事は，表題が『地震音で海の温度を知る』で，サブタイトルが『広域の温度変化を追跡する新手法』ですから，地震音を使って広域の海の温度変化を追跡する方法について書かれているとわかりますね．表題とサブタイトルで記事の内容を何となくつかめます．興味をもったら記事を読みましょう．そして記事を読んで，リード，本文，結言と補足を指摘してください．読みながら，下線を引いたり，書き込みをしたり，関係箇所を線や矢印で結んだりすると，理解が容易になりますし，言葉やパートの関係性を把握しやすくなります．

キーワード，読解のキーポイントや主題・結論の見つけ方は，皆さんもう身につけているという前提で進めますね」

【文例 5-5】

地震音で海の温度を知る

広域の温度変化を追跡する新手法

音を利用して海水温を測る独創的な方法が実現しそうだ．海は温室効果ガスが捕捉した過剰熱の約 90% を吸収しており，気候変動とともに海水温は着実に上昇している．この水温上昇が海面上昇を招き，海洋生物を脅かし，気象パターンに影響を及ぼしている．

だが海水温を追跡するのはなかなか難しい．船による観測は，海のほんの一部分についてのスナップショットしか捉えられない．人工衛星による観測では，深海まで見通すことはできない．海洋熱の最も詳しい姿を捉えているのは「アルゴ計画」のデータだ．20 年近く前から世界の海に展開されてきた自律型の観測フロート群で，水深 2000 m まで潜ることができる．だがフロートは約 4000 機しかない上，もっと深い所のサンプルを得ることもできない．

これに対し，このたびカリフォルニア工科大学(米国)と中国科学院の研究チームは，海底地震で生じた音の伝播速度を比較することで広域にわたる海洋の温暖化を明らかにし，*Science* に報告した．音が水中を進む速度は水温が高いほど速くなるので，この速度の違いから温度変化が分かる．「彼らは全く新しい研究分野を切り開いている」と，プリンストン大学(米国)の地球物理学者 Frederik Simons は評する．

音を用いて海洋熱を測定する方法そのものは 1979 年に提案されたが，海に音源を設置するのは費用がかさむ上，海洋動物に悪影響を与える懸念があった．カリフォルニア工科大学の研究者 Wenbo Wu はそうした初期の取り組みにヒントを得て，海底地震で放出された低周波の音波を観測することを思いついた．「地震が非常に強力な音波源であることは分かっています．これを使わない手はありません」．

インドネシア近海に適用

Wu らはインドネシアのニアス島の近海を対象に，この方法を試した．この付近では，インド・オーストラリアプレートがスンダプレートの下に沈み込んでいる．チームは 2004 ～ 2016 年に発生したマグニチュード 3 以上の地震 4272 件についての音響データを集めた．そして，異なる年に同一地点で起こった地震から生じた音波の伝播速度を比較した．このわずかな差（到達時間にして 1 秒に満たない）に基づいて計算した結果，ニアス島の近海の海水温が 10 年間で約 0.04 ℃上昇したことが分かった．アルゴのデータから示唆された 0.026 ℃を上回っている．この差はわずかに思えるかもしれないが，インド洋東部の全体で考えるとかなりの熱だ．

この新手法は有望だと，ハワイ大学（米国）の海洋学者 Bruce Howe は評する．数十年前に記録された地震データにさかのぼって解析すれば，より長期にわたる海洋の温度変化が分かる可能性がある．ただし，昔の地震計は現在の GPS（全地球測位システム）に基づく機器に比べると，音波のタイミングに関する記録精度は低い．

Simons らは別の方法を探っている．数十個のハイドロフォン（水中マイク）を展開し，地震の音をもっと数多く捉える方法だ．だが，フロートの正確な位置を特定するのが難しい課題になるだろうと指摘する．そうした困難を克服できれば，重要なギャップを埋めることができるはずだと Wu は言う．「異なる方法によって，できるだけ多くのデータを集める必要があります」

出典：Nature ダイジェスト，**18**，28 (2021).

聡　「今までの文章とは少し違う感じがするね．え～と…難しいなぁ．みんなで相談しようよ」

志穂　「そうね．でも，いきなりリードはどれ？って聞かれてもわからない．話の進み方を調べてみようよ．パラグラフの主題と結論に下線を引いてみると，わかるんじゃない？」

悠人　「そうだね，やってみよう．なるほど，わかってきたぞ……」

三人　「先生，この記事は七つのパラグラフからできています．リード，本文，結言，補足からできていると私たちは考えました．図 5-9 のとおりです．いかがですか？　第３パラグラフの第１文『これに対し……』は，読解のキーポイントですね．ここで話題がガラリと変わっています」

先生　「そのとおりです．それぞれのパートに何が書かれているかがわかると，各パートの役割を理解できます．パラグラフの主題・結論と重要な文に注目しましょう．その箇所に下線を引くとわかりやすいですよ」

リード
第 1 パラグラフ
第 2 パラグラフ
本　文
第 3 パラグラフ
第 4 パラグラフ
第 5 パラグラフ
結　言
第 6 パラグラフ
補　足
第 7 パラグラフ

図 5-9　【文例 5-5】の構造

聡　「それは僕がやってみます．リードは『音を利用して海水温を測る独創的な方法が実現しそうだ』と『だが，海水温を追跡するのはなかなか難しい』ですね？」

先生　「表題とサブタイトルでこの記事に興味をもった読者は，リードを読みます．リードの第１文は読者の関心を引きますね．何だろう？と興味をそそられます．ですが，海水温を追跡するのは難しいのだから，独創的な方法って何だろう？と次を読みたくなりますね．このようにリードは，読者を記事本文に引き込むと同時に，本文に報告されている内容の独創性を裏づけるものになります．では，本文には何が書かれていますか？」

志穂　「私がやってみます．本文は『カリフォルニア工科大学（米国）と中国科学院の研究チームは，海底地震で生じた音の伝播速度を比較することで広域にわたる海洋の温暖化を明らかにし，*Science* に報告した』から始まります．つまり，『音を用いて海洋熱を測定する方法そのものは1979 年に提案されたが』問題がありました．著者たちは『地震が非常に強力な音波源』であることを使って，地震音で海洋の温暖化を測定したのですね．この研究の独創性は『海底地震で放出された低周波の音波を観測すること』です．著者たちは『インドネシアのニアス島の近海を対象に，この方法を試した』ところ，『ニアス島の近海の海水温が 10 年間で約 0.04 ℃上昇したことが分かった』そうです．『この差はわずかに思えるかもしれないが，インド洋東部の全体で考えるとかなりの熱だ』と言っています」

先生「この記事の本文は，新規研究の概要をコンパクトにまとめています．従来の方法の問題点と，この研究における解決法，その独創性が簡潔に書かれています．この研究の意義がわかりますね．では，その後の文章はどうですか？」

悠人「はい，次は結言です．『この新手法は有望だと，ハワイ大学（米国）の海洋学者 Bruce Howe は評』しています．この人は論文の著者でなく，第三者ですから，評価は客観的だと思います」

先生「有望な研究だと，記事では結論づけていますね．でも続けて，この研究に残されている課題を述べています．科学研究に完全はありません．どんな研究も，さらに解決すべき課題を抱えています．成果や長所だけを述べるのではなく，課題も指摘しています．科学研究は，科学的な問いに対する著者から提出された解ですが，それは完璧なものではありませんし，仮説としての解という側面ももっています．常にグレードアップするのが科学研究です．だから，課題が残るのは当然です．それを指摘するのも大事なことです．

　もう１パラグラフありますね」

聡「最後のパラグラフは補足だと思います．本文で出てきた『Simons

らは別の方法を探っている』と，別の解もあると記して，この分野の広がりと発展性を述べています．確かに，先生のおっしゃるとおり，補足も記事を構成する要素ですね」

先生「そのとおりです．この記事を読むと，地震音で海洋温度を測定でき，その意義もわかりますね．皆さんが説明したことを図 5-10 にまとめました．参考にしてください．そして記事にも，書き込みや下線を引きました．書き込みはイタリック体にしてあります．下線は P 主題, P 結論, ゴシック体は読解のキーポイント，波線は読解の参考になる箇所です．前半部分だけですが，参考にしてください」

表　題

地震音で海の温度を知る

サブタイトル

広域の温度変化を追跡する新手法

リード

音を利用して海水温を測る独創的な方法が実現しそうだ．だが海水温を追跡するのはなかなか難しい．

本　文

カリフォルニア工科大学（米国）と中国科学院の研究チームは，海底地震で生じた音の伝播速度を比較することで広域にわたる海洋の温暖化を明らかにし，*Science* に報告した．つまり，地震音で海洋の温暖化が測定できた．この研究の独創性は海底地震で放出された低周波の音波を観測したことである．著者らはインドネシアのニアス島の近海を対象に，この方法を試したところ，ニアス島の近海の海水温が 10 年間で約 0.04℃上昇したことが分かった．この差はわずかに思えるかもしれないが，インド洋東部の全体で考えるとかなりの熱だ．

結　言

この新手法は有望だと，ハワイ大学（米国）の海洋学者 Bruce Howe は評する．

補　足

他の方法も紹介している．

図 5-10　【文例 5-5】の内容

【文例 5-5】

表題 **地震音で海の温度を知る**

サブタイトル 広域の温度変化を追跡する新手法

リード

音を利用して海水温を測る独創的な方法が実現しそうだ．海は温室効果ガスが捕捉した過剰熱の約 90% を吸収しており，気候変動とともに海水温は着実に上昇している．この水温上昇が海面上昇を招き，海洋生物を脅かし，気象パターンに影響を及ぼしている．

だが海水温を追跡するのはなかなか難しい．船による観測は，海のほんの一部分についてのスナップショットしか捉えられない．人工衛星による観測では，深海まで見通すことはできない．海洋熱の最も詳しい姿を捉えているのは「アルゴ計画」のデータだ．20 年近く前から世界の海に展開されてきた自律型の観測フロート群で，水深 2000 m まで潜ることができる．だがフロートは約 4000 機しかない上，もっと深い所のサンプルを得ることもできない．

（本文）

これに対し，このたびカリフォルニア工科大学（米国）と中国科学院の研究チームは，海底地震で生じた音の伝播速度を比較することで広域にわたる海洋の温暖化を明らかにし，*Science* に報告した．音が水中を進む速度は水温が高いほど速くなるので，この速度の違いから温度変化が分かる．「彼らは全く新しい研究分野を切り開いている」と，プリンストン大学（米国）の地球物理学者 Frederik Simons は評する．

音を用いて海洋熱を測定する方法そのものは1979 年に提案されたが，海に音源を設置するのは費用がかさむ上，海洋動物に悪影響を与える懸念があった．カリフォルニア工科大学の研究者 Wenbo Wu はそうした初期の取り組みにヒントを得て，海底地震で放出された低周波の音波を観測することを思いついた．「地震が非常に強力な音波源であることは分かっています．これを使わない手はありません」．

以下省略

5.10　練習問題――雑誌記事を読む　ステップ3

先生　「もう少し続けます．雑誌記事に慣れるため，**練習問題 5-2** を読みましょう．ここに引用した文章はヒトの睡眠の特徴を述べたコラム記事で，六つのパラグラフからなり，サブタイトルと見出しはありません．表題を提案し，リードなどのパートを指摘して，パートごとに記事の内容を述べてください．

なお，第4パラグラフの最初にある『例えば』は，第3パラグラフの主題『ヒトの睡眠にはほかの動物にはない際立った特徴がある』の『ほかの動物』を受けて，その例を出したものです．『例えば』は，その前文にある『大型類人猿』の例と思うかもしれません．これは微妙な落とし穴なんです．ここ注意してください」

三人　「はい！」

練習問題 5-2

哺乳類をはじめとする脊椎動物はもちろんのこと，ショウジョウバエや細胞の数にして1000個ほどしかない線虫でも睡眠をとることが確認されている．それどころか，消化器系や中枢神経系といった身体の構造がそれほど発達していないクラゲのような動物でも眠るとされている．

哺乳類では，脳波をとって睡眠・覚醒を確認できるが昆虫などの場合は行動の観察から眠っているかどうかを見きわめる．その場合の睡眠の定義は，以下の4つだ．

① 動かない

② 外界からの刺激に対する反応が鈍い

③ 睡眠状態と覚醒状態の変化は可逆的で，すばやく推移する

④ 睡眠できない状態が続くと反動があって次の睡眠は長くなる

この4つに，さらに以下を加えることもある．

⑤ その種に特有の“寝る姿勢”がある

ほとんどの動物で睡眠が確認されているがヒトの睡眠にはほかの動物

にはない際立った特徴がある．7時間前後に及ぶ睡眠をまとめてとることだ．ヒトに近い大型類人猿でもまとまった睡眠をとるという報告もあるが，まだ確定的とはいえない，

例えば，実験でよく使うマウスの場合，睡眠時間の合計はヒトよりも長く12時間前後になる．ただし，長時間にわたって眠り続けるということはなく，1日に何度も睡眠・覚醒を繰り返す．1回の睡眠時間は長くても90分程度で，もっと短くなる場合も多い．ヒトとは違って，マウスは1日に必要な睡眠量を一度にまとめてとるということはない．

ほかの動物種の観察から，マウスのような断片的な眠りを繰り返すのが一般的で，ヒトの眠りが例外的であることがわかった．深くて長いまとまった眠りは人間の特権なのだ．

眠っている間は意識を失い，危険が迫ってもすぐに対応できなくなる．なぜ，ヒトだけが深くて長い眠りを享受できるのかはまだ謎だが，洞窟の入り口にたき火をつけておくなどして，長時間にわたって安全を確保する術を身につけたことが背景にありそうだ．そのようにして，脳の巨大化(高度な知能)と長く深い眠りが「共進化」したという説もあるが，いずれも推測にとどまっている．

出典：日経サイエンス，2019年6月号，p.33.

悠人「第1パラグラフでは，生物は睡眠をとるということが書かれており，第2パラグラフでは，睡眠は脳波をとったり行動を観察したりて見きわめることが書かれています．睡眠ってこういうことなんだとわかりました．

第3パラグラフになると，ヒトの睡眠は動物にはない特徴，それも際立った特徴があると書かれていると思います．なので，第1と第2パラグラフがリードじゃないでしょうか」

志穂「私もそう思う．そして第3パラグラフと第4パラグラフが本文だと思います．第3パラグラフでは，ヒトの睡眠の特徴が『7時間前後に及ぶ睡眠をまとめてとることだ』と書かれていますし，第4パラグラフ

では，『ヒトとは違って，マウスは1日に必要な睡眠量を一度にまとめてとるということはない』と述べて，マウスとヒトの睡眠を比較しています．ヒトの睡眠について書かれているこの二つのパラグラフが本文だと思います」

聡　「それを受けて，第5パラグラフが結論だと思います．『ヒトの眠りが例外的で』あり『深くて長いまとまった眠りは人間の特権なのだ』と，この記事の結論が書かれているからです．そして第6パラグラフは補足だと思います．第5パラグラフまで読んでくると，ヒトがどうして深くて長い睡眠をとるんだろう，と不思議に感じますね．その理由はまだ謎なんだけれど，読者サービスのために一つの考え方を付け加えたんじゃないでしょうか」

悠人「読者サービスかどうかはわからないけれど，僕も補足と思います．第5パラグラフで話がまとまっているからです」

志穂「表題は，結言を生かして『長くて深い眠りはヒトの特権』としたいと思います．この表題はアピール力もあると思います」

先生「皆さん，よく読めるようになりましたね．かなり読解力がついたと

表　題

長くて深い眠りはヒトの特権

リード　第1，2パラグラフ

生物は睡眠をとる．睡眠は脳波をとったり行動を観察したりして見きわめる．

本　文　第3，4パラグラフ

ヒトの睡眠の特徴は「7時間前後に及ぶ睡眠をまとめてとることだ」．ところが「マウスは1日に必要な睡眠量を一度にまとめてとるということはない」．

結　言　第5，6パラグラフ

深くて長いまとまった眠りは人間の特権なのだ．

補　足　第7パラグラフ

ヒトが深くて長い睡眠をとる理由はまだ謎だが，一つの考え方を付け加えている．

図5-11　練習問題5-2の内容

思いますよ．【文例 5-5】と同じように，皆さんの言ったことを図 5-11 にまとめておきました」

5.11 要点を早くつかむ方法 ステップ3

悠人 「文章の読解法をいろいろ教えていただきました．確かに先生のおっしゃる方法は，文章を熟読するよい方法と思います．でも，忙しいときなどは，できれば読解の時間を短くしたいのですが．要領よくというか，要点を早くつかむ方法があれば教えていただけないでしょうか」

先生 「なるほど，時間短縮のやり方ですか….まず，今まで話したことをきちんと身につけましょう．それができたら，次のようにするといいですよ．

その前に，文章の読解で大事なことを三つ確認させてください．一つ目は文章をパラグラフで読むこと，二つ目はキーワードの変化を追いかけることです．三つ目には読解のキーポイントを見つけることです．

さて，要点を早くつかむ方法を説明しましょう．概要を図 5-12 に示します．まず，文章全体を眺めて全体像(表題，節，文章・記事のパート，見出し，文章量など)を把握します．文章のパートとは主題，展開，結論で，記事だとリード，本文，結論です．題名や見出しがあれば読解のヒントになります．文章量から読解の時間を見積もることができます．

次に，文章の主題と結論を見つけます．論理的な文章の多くは，主題が第１パラグラフまたは第２パラグラフにあります．多くの場合，文章の結論は最後のパラグラフにあります．ただし，前振り（それも長いもの）があったり，補足があるケースもありますので，注意が必要です．一方，文章の主題と結論を読むだけで，内容を理解できるケースもあるでしょう．自分が知っていることや，中身が推測できるときです (A)．そのときは，それで読解は終了して構いません．中身は読まなくても大丈夫です．

雑誌記事の場合は，リードと本文を見つけましょう．この場合も，リー

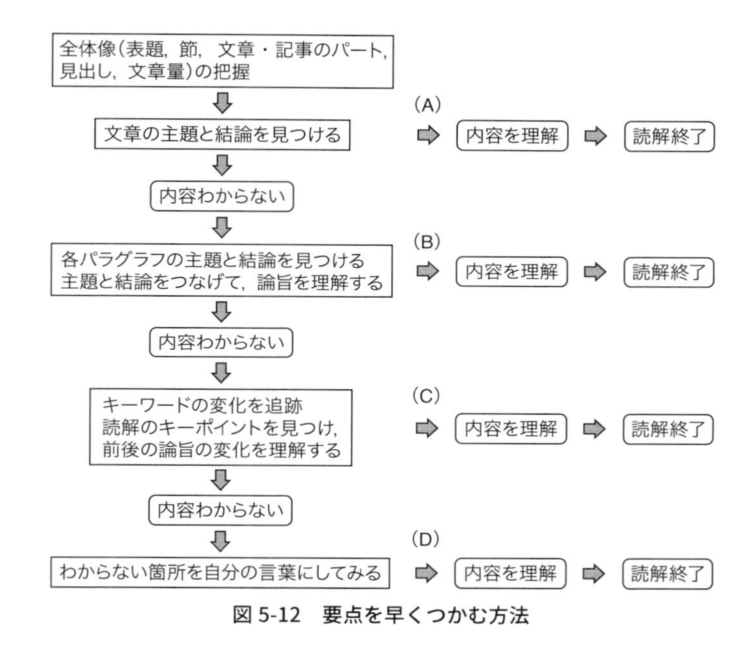

図 5-12　要点を早くつかむ方法

ドや本文の主題と結論から内容を把握できれば，中身は読まなくても大丈夫です」

悠人　「へぇ～，読まなくてもいいんですか．文章は全部読まなきゃいけないと思っていました」

先生　「書いてあるもの全部を読む必要はありません．文章は自分が理解するために読むんですから．主題と結論だけでわかれば，それでOKです．
　とはいっても，多くの場合はそうはいきません．そのときは文章を読み進めます．各パラグラフの主題と結論を見つけましょう．多くの文章ではパラグラフの初め(第1文から第2文が多い)に，主題か主題＝結論があります．最初に主題が置かれていれば，多くの場合，結論は最後の文です．一つ前の文の場合もあります．それでパラグラフの内容がわかれば，OKです(B)．このときパラグラフは読まずに飛ばして構いません」

聡　「読まなくてもいいというのは，先ほどと同じですね．ラッキー！」

先生 「そうです．時間の節約になりますね．

ところが，そうはいかない場合があります．それは，主題と結論を読んでも内容がわからないときや，少しだけわかるときです．このときは主題と結論に下線を引いて，パラグラフ内のキーワードの変化を追いかけましょう．読解のキーポイントを見つけ，それに印(波線など)をつけて，前後の論旨の変化を，キーワードの変化をたどりながら理解するのです(C)．これでもかなり時間の節約になると思いますよ．

それでもわからないときは，逆に時間をたっぷりとかけて読解するのが最善の方法です(D)．すでに紹介したカーソンの文章のときのように，わからない箇所を自分の言葉にしてみましょう．ウンウンと唸るかもしれませんが，これがうまくいくと『やったぁー，わかった！』という心境になりますよ．

ただし，どうしてもわからないときもあります．それもすでに述べたように，今の自分にとってまだ理解できない領域に踏み込んだからです．そのときは『わからないを大切に』して，その文章はそのまま取っておくとよいでしょう．この詳細は午後(第6章)に説明します」

5.12 練習問題——要点を早くつかむ ステップ3

志穂 「先生のおっしゃる方法は何となくわかる気がします．そこで例を示していただけませんか？」

先生 「それはもっともですね．では，**練習問題 5-3** を読解してみましょう．この文章は，皆さんご存じのニュートンについて，その不思議な魅力を述べたもので，私が学内新聞に寄稿した記事から抜粋しました．図 5-11 の方法で読解してください」

志穂 「ニュートンの話ですか．ニュートンは近代科学の創始者ということは知っています．何が書いてあるんですか？」

先生 「それは読んでのお楽しみ．まずは文章を読んで，図 5-11 の(A)〜(D)

に該当する箇所に分けていきます．その後で（C）と（D）の箇所をじっくりと読んでみましょう」

志穂　「わかりました．読んでみます」

練習問題 5-3　ニュートンの不思議な魅力

ニュートンは不思議な魅力を持つ人物である．近代科学の創始者でありながら，中世的魔術師という二面性を持っているのだ．

近代物理学は引力を発見したニュートンから始まったと認識されている．ニュートンはリンゴの木からリンゴが落ちることを観察して，それが地球の引力によることに気がついた．それは天体の星の間で働く力と同じだとも気付いた．引力は，異なる世界と考えられた天上界と地上界で同一の法則が適応されるという革命的な認識を打ち立てた．

ところが，ニュートンは魔術師的な側面も持っている．錬金術に没頭し膨大な実験を繰り返し行い，根源的物質を発見しようと努力した．その実験記録も残されている．また，ニュートンの提唱した引力という概念は，魔術的な遠隔作用を連想させるものだった．その時代は，接触していない物体間に力は働かないと認識されていたからだ．「ニュートンは理性の時代の最初の人ではなく，最後の魔術師である」（ケインズ）と言われる所以である．

ニュートンにとっては科学と魔術は矛盾するものではなく，両者とも認識と発見の方法であった．引力の法則という世界の基本的法則は科学的に発見された．それと同様に根源的物質を錬金術という方法で発見しようとした．ニュートンの心の中に両者は共存していたのだ．現代の視点から一方を合理的とし，もう一方を不合理的と判断すべきでない．両者を合わせ持ったところにニュートンの魅力があるのだ．

聡　「四つのパラグラフからできているね．さらっと読んでみると，最初のパラグラフが主題だね．第１文『ニュートンは不思議な魅力を持つ人物である』が，第１パラグラフの主題＝結論であると同時に，文章の主題だよね. 第4パラグラフの最終文『両者を合わせ持ったところにニュートンの魅力があるのだ』が，このパラグラフの結論であり，文章全体の結論じゃないかな.

だけど，ニュートンの不思議な魅力って何だろう？『近代科学の創始者』はわかるんだけど,『中世的魔術師』って何？」

志穂「そう, わかんないよね. だけど, 聡君の言う『近代科学の創始者』と『中世的魔術師』に注目してみようよ. きっと，このことが出てくるはずだから」

悠人「そうだね. 第2パラグラフの第1文『近代物理学は引力を発見したニュートンから始まったと認識されている』は，このパラグラフの主題＝結論だよね. ニュートンが近代物理学を創ったことはよく知っているよ. だから, このパラグラフは読み飛ばしてもいいんだね. ラッキー！」

聡「じゃあ次に行こう. 第3パラグラフは何だろう？『ところが, ニュートンは魔術師的な側面も持っている』は，きっとこのパラグラフの主題だろうけど，魔術師って何を言ってるんだろう？」

志穂「そういうときは，じっくりと読むんだったよね. …どうも錬金術にはまったみたい. そうなんだぁ～，変なの！ 根源的物質って賢者の石とかいうものかな？」

悠人「ホントにおかしいよね. でも，実験記録もあるっていうんだから，ホントなんだろうね. 引力が魔術的な遠隔作用というのもハテナ？だよね. 引力は高校でも習ったし，当たり前の力だよね. 何だろう？」

聡「先生っ，本棚に科学史の本がありますが，ちょっとお借りしてもいいですか？」

先生「いいですよ. ニュートンのことや，当時の力という概念についても書かれているはずです」

聡「…出ていたよ. ニュートンは錬金術に取りつかれていたって. この

文章に書いてあることは本当なんだ．

もう一つあったよ．物体に力が作用することは，当時も知られていたんだって．だけど，それは互いに接触している物体間だけに働いて，離れている物体間には作用しないんだと，考えられていたんだ．離れている物体間に作用することは，遠隔作用といって当時の人には考えられなかったんだって．人が普通に理解できないことだから，魔術にしちゃったのかな？」

アイザック・ニュートン
(1642 ～ 1727)

悠人　「ネットにも，錬金術とニュートンについて似たようなことが書かれているよ．それから遠隔作用についてもあるよ」

志穂　「引力なんて当たり前と思っていたから，何か変だよね．でも，科学史の先生もおっしゃっていたけど，今の常識を昔の人たちに当てはめてはいけないんだって．その当時の常識にできるだけ添うように考えないと，当時のことはわからないそうよ」

悠人　「ニュートンの時代は中世の雰囲気がまだまだたくさんあって，錬金術や魔術などは当時の人たちには身近なものだったんだろうね．そう考えると，ニュートンは『最後の魔術師』って変に説得力があるなぁ」

先生　「文章中のケインズは，あの有名なイギリスの経済学者ジョン・メイナード・ケインズで，『雇用・利子および貨幣の一般理論』を書いた人です．ケインズは，ニュートンの未発表の草稿(『ポーツマス文書』と呼ばれます）がオークションにかけられたとき，それを落札したのです．その文書を調べてみると，何と約 1/3 が錬金術関係で，ニュートン自身も多くの実験を行っていたことが明らかになりました．**練習問題 5-3** にあるように根源物質(一般には賢者の石と言われます)を探求したのです」

聡　「先生の説明を聞いて，第 4 パラグラフの意味がようやくわかりました．科学も魔術もニュートンの中には平等に存在していたんですね．それが世界を知ろうというエネルギーになった．だから『認識と発見の方法』と書かれているんですね」

志穂　「あぁ～，それなら，最後の『両者を合わせ持ったところにニュートンの魅力があるのだ』も理解できます．今の常識から考えると，科学の創始者が科学と魔術の両方に通じていたというのは，確かに魅力的かも．魔術の力を信じていた人が，それを排除した近代科学を創ったんですから」

悠人　「そんなことってあるんですね！　一つ賢くなった気がします」

先生　「それが読書の醍醐味なんです．

　皆さんは，この文章のわからない箇所を調べながら読みましたね．それは素晴らしい読書法です．ほめたいと思います．今皆さんがそうだったように，文章を読んでもさっぱりわからないケースが出てきます．そのとき，文章の論理をたどって理解することが大事です．そして，他の本，事典・辞典やインターネットを使って，わからないところを調べながら読むことも大事です．ただし，インターネットにはいろいろな情報があります．中には根拠が不明なものや偽情報もありますから，確かな情報源か吟味してください．そうすれば，今皆さんが体験したように，わからない文章がだんだんとわかってきます．今後も続けてください」

三人　「やったあ！　私たちはほめられて上達するんです．うれしいです」

先生　「さて，そろそろ12時ですね．カフェテリアへ行ってランチにしましょう．少し外を歩いて気分を変えましょうか．午後は，文章を違う角度から読解する方法（批判的読解法）を勉強します」

三人　「はい，ランチにしましょう．また午後よろしくお願いします」

第6章

批判的に読む

6.1　批判的に読むとは　ステップ3

3日目の午後.

聡　「ランチの後，みんなでスケボーやっていたから汗かいちゃいました」

悠人「聡君はめっちゃすごかったね．あんなすごい技，どこで覚えたの？」

聡　「いやぁ～，それほどでも…天気がいいから楽しかったね」

志穂「ホント，でも悠人君もかなりうまいよ．私も楽しかったわ」

先生「皆さん，リフレッシュできたようですね．それでは午後も存分に頭を働かせましょう．
　外でこの続きをしてもいいのですが，資料の取扱いは室内が楽ですね．だから，ここで始めましょうか」

三人「はい，了解です」

先生「いよいよ最終段階に入ります．それは文章を批判的に読むことです．高度な読解法と言えます」

悠人「何だか難しそう…」

先生「スケボーで頭がさえたでしょうから，大丈夫ですよ．
　さて，これまでは著者の主張を理解するための読解法を学びました．著者の主張が論理的に構成されているなら，今まで話した方法で読んでいけば，文章の意味を理解できます．文章読解のゴールの一つです．

それに加えて批判的に読む力をつけると，著者とは異なる論理展開や結論を導き出すことができたり，著者の気づかなかった点を付け加えたりすることができます．すごいでしょう？」

志穂　「そうですか．でも，批判的って何だか嫌な感じがします．人の言っていることに反対するとか，上から目線で横やりを入れることのように聞こえます」

先生　「確かに『批判的』という言葉は誤解されています．でも本来の意味はそうではありません．どんな著者も万能ではありません．当たり前のことですが，著者は自身の立場や考え方に基づいて文章を書きます．だから，ある程度データやエビデンスの取扱い方，解釈や論理展開に偏りがあるのはやむをえませんし，考察を飛ばしてしまうこともあります．また，十分に論理的に構成された文章でも，著者と違う視点から見ると，異なる筋道を見つけられることもあります．**批判的に読む**とは，著者とは異なる視点や論理展開で文章を読解して，その文章に対する読者自身の判断を示すことです．そして，著者の見解に触発されて，自分なりに考えて新しい意見を創り出すこともできます．

それは，『批判』という言葉を考えても妥当です．つまり，批判という熟語は『批』(基準となるものと比べて正しくするという意味)と『判』(刀ではっきりと分けるという意味)からできています．批判とは，基準となるものと比べて，はっきりと分けて，正しく評価することです．基準となるものを固定的に考える必要はありません．読者である自分の視点とか著者と異なる視点という意味だと考えればよいのです．その視点から文章を読解して評価するのです．

対象となる文章は，ほかの人が書いた文章でも，自分自身が書いた文章でも構いません．前者なら文字どおり他者の目で文章を読むことですし，後者なら著者である自分とは異なる自分を前面に出して読むことです．自分の書いた文章を推敲するときにも有効です」

志穂「そうなんですか，私が誤解していたんですね．でも，違う視点から読むと言われても，どんなふうに読めばいいのか，ちょっとピンときません」

6.2　批判的読解は同意・解析・触発　ステップ3

先生「説明しましょう．まず，対象となる文章を読みます．その文章で何が述べられているのか，何を言いたいのか，それらを理解できるように読んでいきます．この方法は今日の午前（第5章）までに説明しましたね．

著者の主張をいったん理解した時点から，批判的読解は始まります．ここでは自分の立場から文章を読み直します．このとき下線を引いたり，自分の考えを文章の余白に書き込んだり，付せんに書いて貼ったり，ノートをとったりして読むと，後で自分の考えを整理するのに役立ちます．

批判的読解を私は三つに分けて考えています．それを**図6-1**で説明し，概念図として**図6-2**を示しましょう．まず**同意**です．これは著者の主張に同意できるところです．文章のすべてに同意するなら，批判的読解は不要です．**図6-2 (a)** がその場合です．実線の○が著者の主張で，破線のグレーの○が，読者が理解し同意したところです．両者はほとんど重なっています．著者の主張を読者は理解して同意しています．

でも，そうならないことが多いでしょう．読んでいて『おやっ？』，『はて？　なぜ？』とか『うまくつながらないなぁ』と思うところが，いく

同　意

著者の主張に同意できるところ

解　析

データやエビデンスが不足しているところ
データやエビデンスの解釈が不十分と考えられるところ
論理の飛躍や論理展開が不十分と考えられるところ
著者の主張と自分の考えが異なるところ

触　発

著者の主張に触発されて，違う発想や新しい考えを創る

図6-1　批判的読解

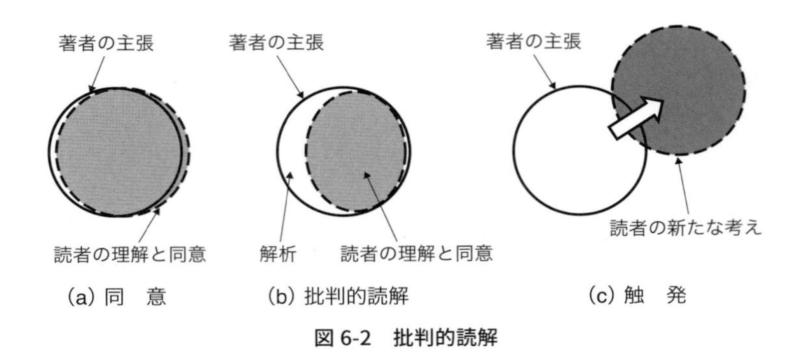

図 6-2 批判的読解

つか見つかると思います．疑問に思ったり理解できない箇所です．また，著者の言うことはわかるけれど，同意できないところもあります．これらが批判的読解の対象です．図 6-2 (b) の破線のグレー部分が，読者が理解し同意したところです．重ならないところ（白色）は**解析**の対象です．なぜ疑問に思ったのか，なぜ理解できないのか，なぜ同意できないのか，それらを解析するのです．そうすると，データやエビデンスが不足していたり，その解釈が不十分だったり，論理が飛躍したりしていることがわかってきます．その点を指摘し，なぜそのように思ったのかを考えます．ここで終えてもよいのですが，できれば次に自分ならこうすると案を練るとよいでしょう．さらに，著者とは視点を変えたり逆の立場から読んだりすることも批判的読解です．そのような読み方をすると，論理展開が違って見えるでしょう．なぜ違うのだろう？と考えます．そうすると，著者の筋道とは異なる論理展開を見つけられます．それを指摘します．以上が解析です．

最後に**触発**です．著者の主張に同意するだけではなく，感銘を受けたり，教えられたりするところもあるでしょう．それに触発されて，読者が著者とは違う発想や新しい考えを創ることができます．それが触発です．ちょっと大げさかもしれませんが，新しい思想が創られるのです．このような読み方ができれば，批判的読解の頂点に上れます」

志穂 「私が思っていたこととは違うので，びっくりです．『同意』，『解析』，

『触発』なんて考えてもみませんでした」

悠人　「僕は文章を理解するだけで，いっぱいいっぱいです．理解できなかったり『おやっ？』と思ったりすることはありますが，自分が理解できていないんだと思っていました」

聡　「何だか難しそう．スルーしたくなります」

志穂　「著者の主張に自分の考えを対比させるなんてできるのかしら…それに，自分ならこうするなんて思い浮かぶのかな…まして触発って…」

先生　「おやおや，皆さんずいぶん弱気ですね．皆さんは午前（第 5 章）の最後にカーソンの文章からいろいろと考えて，それを話し合ったでしょう？　あれは触発的読解のよい例です．文章を繰り返し読んで，先ほど説明したように大事なところに下線を引いたりメモをとったりしながら読むと，何が書かれているのかを理解できます．それを自分のもっている知識や考えと比べたり，文章の言葉を別の言葉に換えたりしましょう．大事なのは言葉を頼りにすることです．思いつく言葉をメモにとったり口に出したりします．言葉を次々と絞り出して，それらを書き，書いた言葉を見つめ，言葉が言葉を引き出すようにして，書きながら考え続けましょう．言葉を書くことが大事なのです．書いた言葉を見つめることで，言葉が紡ぎ出されてくると，考えることが楽しくなりますよ．練習すれば批判的読解も触発的読解もできるようになります．心配しないで，やってみましょう」

6.3　批判的読解（その 1）　ステップ 3

先生　「最初に，皆さんにもなじみ深い研究レポートを取り上げて，批判的読解を学びましょう」

悠人　「レポートならいつも書いていますから，何とかなるかもしれません．少しやる気が出てきました」

先生「それはよかったです．これから示すレポートでは，データを解析して一つの結論を得ています．文章を批判的に読解し，データの解析を著者とは違う視点で行うと，著者の気づかなかったことがわかり，新たな知見を得られます．批判的読解が役に立つことがよくわかりますよ．

概要と背景を**資料 6-1** に示します．そのレポートを**【文例 6-1】**に示します．著者はこの実験から一つの結論を得ています．このレポートを批判的に読解してみましょう．得られたデータに対して考察したことは十分でしょうか？」

資料 6-1　概要と背景——材料 A の物性 α と不純物 M と P

材料 A は良好な物性 α を示し，光機能性材料としての応用が期待されている．しかし，この物性値は試作ロットによるばらつきが大きく，実用化の大きな障害になっている．そこで，その改良を実施中である．最近，材料 A に不純物 M と P が含まれていることが明らかになった．不純物 M の含有量はやや多いが，不純物 P は微量である．これらの不純物が物性に影響を与えていると考えられる．そこで，不純物の含有量と物性 α との関係を，試作ロットの異なる材料 A を用いて調べることにした．

【文例 6-1】　研究レポート——材料 A の物性 α に対する不純物の影響

1. 緒言

材料 A は良好な物性 α を示し，光機能性材料としての応用が期待されている．しかし，この物性値は試作ロットによるばらつきが大きく，実用化の大きな障害になっている．そこで，その改良を実施中である．

最近，材料 A に不純物 M と P が含まれていることがわかった．不純物 M の含有量はやや多いが，不純物 P は微量である．そこで，物性 α に対する不純物の影響を試作ロットの異なる材料 A を用いて調べたので，以下に報告する．

2. 実験

材料 A は試作ロット No. 101 ～ 111 の 11 ロットからそれぞれ 10.0 g 採取して用いた．不純物 M および P の分析は，社内規格 No. 115 に従い，ガスクロマトグラフ装置 G-175（薩摩機器）で行った．物性 α は社内規格 No. 256 に従い，測定器 MKP35（東和機器）で測定した．

3. 結果と考察

材料 A のロット No.，不純物 M と P の含有量および物性 α 値を，表にまとめた．今回調べた材料 A には不純物 M と P のみが含まれており，他の不純物は検出されなかった．不純物 M の含有量は 32 ～ 286 ppm であり，不純物 P は 4.1 ～ 91 ppm 含まれており，不純物 M の含有量は P よりも多いことがわかった．

表　材料 A の不純物 M，P の含有量および物性 α

ロット No.	不純物 M / ppm	不純物 P / ppm	物性 α / degree
101	32	4.1	75
102	50	43	43
103	62	9.8	69
104	88	58	40
105	106	16	65
106	138	24	52
107	144	23	32
108	196	51	23
109	234	67	23
110	252	59	12
111	286	91	16

そこで，含有量の多い不純物 M と物性 α との関係を調べた．結果を図に示す．物性 α は 75 degree から 12 degree まで変化し，ばらつきが大きい．不純物 M の含有量が少ないと物性 α は良好な値を示すが，不純物 M が多くなると物性 α は小さくなる．物性 α と不純物 M との関係は一次で近似される．図中に一次近似線を示す．その決定係数（R^2）は 0.74 であるから，両者には負の相関性があると考えられる．

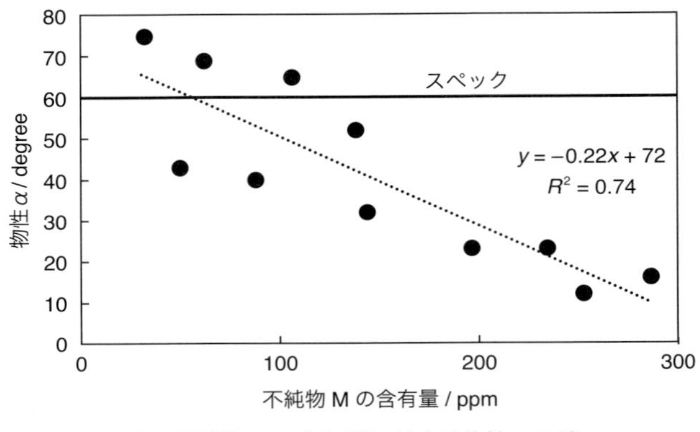

図　不純物Mの含有量に対する物性αの値

物性αのスペック(目標性能)は60 degree以上である．そのラインを図中に太線で示した．スペック以上の値が得られたのは，不純物Mの含有量が106 ppm以下の3点のみであった．ただし，それ以下でもスペック未達試料がある．それは物性αを変化させる要因は不純物Mのみではないことを示唆しているのだろう．今後，研究を続ける．

したがって，本研究の結論は以下のとおりである．

① 材料Aの物性αは不純物Mの含有量と負の相関性がある．

② 不純物Mの含有量が106 ppm以下のとき，物性αはスペック以上の値が得られるものがある．

③ 物性αを変化させるのは，不純物Mの含有量だけではないだろう．

悠人　「著者は，不純物Mが不純物Pよりも多く含有されているので，不純物Mに注目して解析したんですね．それはわかりますが，不純物Mの含有量に対して，物性αのばらつきが大きいですね．一応一次の相関性があるので，この解析自体は大きな問題はなさそうです」

志穂　「でも，著者も悠人君も指摘しているように，不純物の含有量に対する物性αの値のばらつきは大きいです．とくに106 ppm以下の領域で大きく乖離したデータがあり，不純物Mが106 ppm以下でもスペック以下になるデータが二つあります．なので，著者はデータを十分考察に活かしていないのかもしれません」

先生　「書いてあることに興味をもつ，それが第一歩です．そうすると著者の言っていることを理解しても，『おやっ？』とか『なぜ？』と思う箇所が出てきます．それが批判的読解の始まりです．

ここで，著者はデータを十分活用していない，と考えました．それは批判的読解の一つの成果です．

その調子でよいので，どんどん進めてください」

聡　「それでいいんですね．やる気が出てきました．…データを十分考察していないというのは，不純物 P の考察が足りないということではないでしょうか．表を見て，スペック以下の 3 点に注目すると，不純物 P の含有量は 16 ppm 以下だとわかります．ほかはすべてそれ以上の含有量です．だとすると，物性 α は不純物 M のみでなく，不純物 P の含有量とも関係していると考えてもいいのではないでしょうか．著者は不純物 P の含有量が少ないから考察しなかったのかな？　なので，不純物 M と P の含有量の関係を図 6-3 に描いてみました．こういうのは得意だから簡単です．図中の▲印はスペック以上になったもので，数値はその物性 α の値です．図に示すように，物性 α がスペック以上の値をもつ

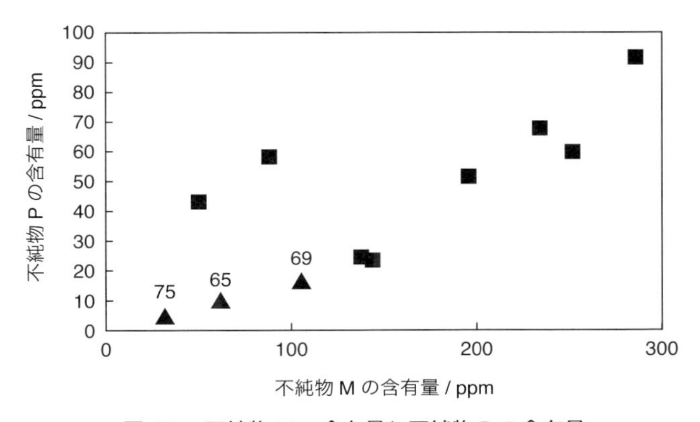

図 6-3　不純物 M の含有量と不純物 P の含有量

のは，不純物Mの含有量が 106 ppm 以下で，さらに不純物Pの含有量が 16 ppm 以下の領域であることがわかりました．だから，物性αと不純物Mだけではなく，不純物Pの含有量との関係も示して考察すべきだという結論になりました．批判的ってこういうことなんですか？」

先生「そのとおりです．ここで明らかになったことは，物性αのばらつきは不純物MとPの含有量に依存していることですね．これが批判的読解の二つ目の成果です．つまり，著者の考察が足りなくて，論理展開が不十分なところを指摘できたのです．それは著者とは異なる視点から見ることができたからです．立派な批判的読解です」

6.4 練習問題——批判的読解（その1） ステップ3

先生「練習問題をやってみましょう．志穂さん，この前，企業のインターンシップに参加してよかったと言っていましたね．そのとき，営業部の人と開発部の人がお客様からのクレームへの対応を相談していたと言っていましたね」

志穂「そうなんです．私は開発部で試料の分析実験をしていたんですが，私の担当社員の方と営業部の方が相談していました」

先生「お客様のクレームに対しては慎重になるべきです．適切に対応すればお客様の信用を得られますが，対応がまずいとお客様を失いかねません．そこで練習問題として，次のようなクレーム対応の文章を取り上げましょう」

志穂「わぁ～，たいへんだ．あのときのことを思い出します」

悠人「僕も聡君も別の企業のインターンシップに参加したので，会社の開発や営業の雰囲気はわかります．どんなのかな？　興味があります」

先生「練習問題資料 6-1 にクレームおよび対応案に関する情報を，練習問題 6-1 に対応案を示します．対応案は，営業課員の立場からのクレームの対応を提案していますが，これが妥当な案なのかを批判的に読解して考えてみましょう．読解のポイントは，立場を変えて，逆の立場から読解することです．そうすると，会社にも顧客にも利益になる対策を考えることができるはずです．そのような対策を考えてみてください」

練習問題資料 6-1　顧客 A のクレームおよび対応案に関する情報

1. クレームの概要と対応案の作成

当社製品 ZZT は電子材料として使用されている．その性能 QT は，当社純正処理液で処理することにより得られる．しかし，顧客独自の処理液で処理することもある．このたび性能 QT が改善された新製品 ZZT 改を上市した．しかし，顧客 A で，顧客処理液で処理すると，性能 QT がスペック以下になり，クレームが発生した．そこで，営業課担当者がクレーム内容と今後の対応を提案する．

2. クレーム内容と当社対応の経緯

当社製品 ZZT は当社の純正処理液で処理することにより，性能 QT(数値 100)を示す．性能 QT の市場におけるスペック(目標性能)は 80 以上であるから，この数値で十分な市場競争力をもっていた．

しかし，問題点が二つある．一つは顧客が独自処方の処理液を作製して，それで処理するケースが散見することである．純正処理液がやや高価であるから，顧客はコスト低減をしたいのだろう．顧客の処理液は当社特許に抵触しないように，当社処理液とは異なる成分で作製されている．純正処理品より性能 QT はやや低くなり，約 90 となるが，現状では市場で問題となっていない．当社としては製品保証と当社処理液を拡販したいので，できるだけ顧客処理液を純正処理液に切り替えたいと考えている．もう一つの問題点は，競合他社(A 社)が ZZT 対抗品(AAP)を上市し，その性能が 120 と当社 ZZT より高いので，ZZT のシェアが低下したことである．そこで，当社は新たに ZZT 改良品 (ZZT 改) を開発した．ZZT 改は純正処理液では 130 という良好な性能 QT が得られたので，自信をもって市場展開した．ところが，ZZT改はある大手顧客(Y社)処理液で性能が大幅に低下し，70という値しか示さず，大きなクレームとなった．顧客処理液を研究開発課で分析した．さらに，顧客処理液で良好な性能QTが得られる条件を検討したところ，その条件を見いだした．

練習問題6-1に示す文章は，上記クレームに対する営業課担当者の経過報告と対応案の提案である．

練習問題6-1　顧客Y社からのクレーム報告およびその対応案

1. 緒言

ZZT改はA社AAPに対する製品として開発し，この市場のシェアを回復させるべく市場展開している．ZZT改は当社純正処理液では130という良好な性能QTを示すが，ある顧客（Y社）処理液では70となってしまい，Y社では採用されず，クレームとなった．そこで，本報告はこのクレームの経過を報告し，併せて対応案を提案する．

2. クレーム内容

当社従来品(ZZT)，改良品(ZZT改)およびA社対抗品(AAP)の性能QTを表1に示す．処理液には当社純正処理液と顧客処理液を用いた．ZZTは純正処理液で100という性能QTを示すが，顧客処理液では90となる．やや低いがY社では問題なく採用されている．しかし，ZZT改は純正処理液では130であるのに，顧客処理液では70と半分以下に低下してしまい，これが要因となりY社に採用されなかった．一方，A社AAPは顧客処理液で110と良好な性能を示し，採用されている．

表1　当社製品およびA社対抗品の性能QT

製　品	当社純正処理液	顧客処理液
当社従来品(ZZT)	100	90
当社改良品(ZZT改)	130	70
A社対抗品(AAP)	120	110

3. 顧客処理液の解析と性能 QT

顧客処理液の組成を研究開発課が分析した．その結果を純正処理液のそれと併せて表2に示す．顧客処理液は，当社処理液と類似構造をもつ成分 A′，B′ および C′ からなる．構造が異なるのは当社特許に抵触しないためである．注目すべきは成分 C′ が1と少ないことである．

表2　当社純正処理液および顧客処理液の組成

組　成	当社純正処理液	顧客処理液	
		組成	解析結果
成分 A	10	成分 A′	10
成分 B	10	成分 B′	10
成分 C	3	成分 C′	1

研究開発課は，成分 C′ を1から3に増量した顧客改良処理液を試作した．この処理液を用いて ZZT 改を処理した．関連試料も併せて性能 QT を表3に示す．顧客改良処理液では ZZT 改の性能 QT は120となり，A 社対抗品（AAP）の性能を上回った．

表3　顧客改良処理液による各製品の性能 QT

製　品	当社純正処理液	顧客改良処理液
当社従来品（ZZT）	100	100
当社改良品（ZZT 改）	130	120
A 社対抗品（AAP）	120	110

以上の結果から，ZZT 改が顧客処理液で純正処理液より性能が劣化するのは，成分 C′（当社の成分 C に対応）の量が少ないことによると考えられる．

4. 当社の対応案

当社の販売戦略は，ZZT 改と当社純正処理液をセットで売り込み，両者を用いることにより良好な性能 QT が得られるとアピールすることである．

したがって，営業課としては顧客処理液を純正処理液に置き換える要請を顧客に対して行いたい．

聡　「先生は批判的読解とおっしゃいましたが，僕はこの対策で納得しました．インターンシップを思い出すと，僕が営業の担当者なら同じような対策を提案すると思います」

先生「確かにデータの取扱いやその解釈など問題ありませんね．しかし，この対策はあくまでも自社の営業の立場で考えられたものです．お客様のことも考える，つまり顧客の立場から，顧客にも自社にも利益になるような対策はないだろうか，と考える手もありますよ．つまり，逆の立場から読んでみましょう」

志穂「そうか，逆の立場ってそういうことなんですね！　クレームを出したお客様がよかったと思えるようにしないといけないんですね」

悠人「そうすると，どうしたらいいのかな？　自分が客だとすると，どうなるのかな？　たぶん，ZZT改を売り込まれたのはメーカーの都合だよね．でも，それは従来品ZZTとは異なり，自分たちの処理液では性能QTが出ない．従来品が100なのに，70であり，改悪されていると思うよね．原因をメーカーは教えてくれないし，そもそも変えるのはメーカーの都合．なので客としては，このメーカーから他社製品（A社AAP）に切り替える．論理がすっきりと通っているよね．そうすると，打つ手はないかな」

志穂「ZZT改を使うメリットもあるよ．お客様の処理液を改良する，つまり成分C′量を1から3に増量すると，ZZT改の性能が120となり，A社AAPの値110よりも+10アップするよね．自分たちの処理液を少し変えるだけだから，性能アップを強調すれば何とか説得できるんじゃないかな．お客様の利益にもなると納得してもらえば，いい解決策になると思う」

聡　「志穂さんの言うとおり．処理液を自分たちのものから純正処理液に換えるのは経費的にも心理的にも障壁が高いよね．自分たちの処理液を少しだけ変えるのは問題解決になって，性能アップにもつながるから，担当者も上司を説得しやすいはず」

先生 「皆さん，議論がうまくなりましたね．今，皆さんが議論した対策もありえますね．これを提案してもう一度対策を議論するとよいですね．このように批判的読解は生産的なのです」

6.5 批判的読解(その 2) ステップ 3

先生 「もう一つ【文例 6-2】を読んでみましょう．今，地球温暖化阻止が大きな課題となっています．二酸化炭素が原因であるとよく聞きますが，メタンも主要な温暖化ガスです．その抑制が大事だと，この文章は述べています．この記述だけでメタン排出抑制対策は十分なのか，批判的に読んでください」

【文例 6-2】 温暖化阻止にはメタンの排出抑制も重要

地球温暖化を阻止するには，二酸化炭素排出抑制のみならず，メタン排出抑制も重要である．メタンの温室効果は二酸化炭素の 80 倍もあり，少量でも温室効果が大きいからだ．メタン濃度は産業革命以前の 700 ppb より 2 倍以上になり，2020 年には 1900 ppb 近くにまで上昇した[1)]．そのおもな排出源は家畜が 31%，石油・天然ガス事業が 26% であり，そのほか，ゴミの埋め立て処分地，石炭炭鉱，水田や水処理プラントなどからも排出されている[1)]．気候変動に関する政府間パネル(IPCC)第 6 次評価報告書[2)]によると，2020 年の大気温度は産業革命以前より約 1.1 ℃上昇しているが，メタンの寄与は約 0.5 ℃にもなるという[1)]．

メタン排出抑制は，メタンの性質と排出源の特徴を活用すると，二酸化炭素より取り組みやすい．メタンの大気中における寿命は約 10 年であり，何世紀もの寿命がある二酸化炭素とは大きく異なる．このことは，排出源を特定し，そこからの排出を削減できれば，メタンによる温暖化は長期的には十分抑制される可能性がある．石油・天然ガス事業は大量のメタンを排出している可能性が高いから，排出源を特定することが重要だ．以前は航空機に搭載された赤外線センサーで監視していたが，最近は宇宙空間の衛星がその役目を担っている．それによると，比較的少数の石油・天然ガスインフラの「超大量排出源」が大量のメタンを排出していることが明らかになってきた[1]．だから，この「超大量排出源」への対策が有効だ．

[1] “Control methane to slow global warming — fast”, *Nature*, editorial, 25 August 2021, https://www.nature.com/articles/d41586-021-02287-y
[2] IPCC, Sixth Assessment Report, https://www.ipcc.ch/assessment-report/ar6/

聡　「メタンって少量でも温暖化するんですか！　知りませんでした．よくわかりました」

先生　「それだけですか？」

聡　「メタンは特定の石油・天然ガスのインフラから大量に排出されているから，そこに集中的に対策をとろうと書いてあります．すごくわかります」

先生　「それは『同意』ですね．著者の主張を理解し，同意したのです．でも，大量のメタンを排出している『超大量排出源』とは何でしょうか？」

聡　「とてもたくさんのメタンを排出しているものでしょう．だけど，具体的には何だろう？」

先生　「手元の科学雑誌にメタンと温暖化の記事が載っていますから，参考にそれを見てください．読んだ文章だけでわからなければ，文献やデータベースを調べていいですよ．インターネットももちろん使えますが，玉石混淆ですから情報源を確認して信頼できるところの情報を参考にしましょう．今のケースでは，この雑誌が役立ちますよ」

聡　「出ていました．油田の油井やガス井ですね．メタンが漏れないように封止していない油井やガス井があって，そこから大量のメタンが大気中に出ている，と書いてあります．確かに大量のメタンを排出しているものがいくつかありますね．その油井やガス井は特定できるのだから，そこに集中的に対策を施すだけでもメタンの放出は抑えられそうですね．なるほど，「『超大量排出源』が大量のメタンを排出している」という文章の意味がよくわかりました」

先生　「文章を読んであやふやなところや，よく理解できないところも，別の資料を調べればわかることが多いので，その手間を惜しまないようにしましょう．

　さて，もう一つ問題点がありそうです．この文章はメタン排出抑制対策について十分に書かれているでしょうか？　視点を変えてその方向から読むと，違う景色が見えてきませんか？」

志穂　「**図 6-4** のように，メタンの排出量を円グラフで描いてみました．石油・天然ガスは 26% で確かに大きな排出源ですが，家畜は 31% もあるから，もっと大きな排出源です．そこで文章を見直すと，第 2 パラグラフに，排出源を特定してそこからの排出を抑制すれば，メタン排出が削減できると書いてあります．でも，具体的に書かれているのは石油・天然ガスだけです．これでは足りないと思います」

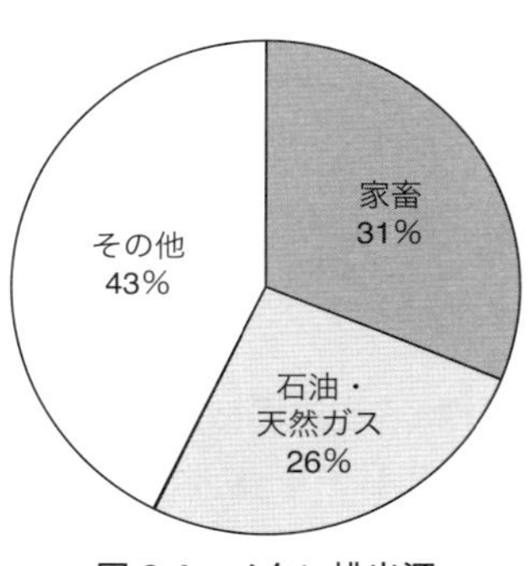

図 6-4　メタン排出源

悠人　「円グラフはわかりやすいね．志穂さん，ありがとう．確かに，家畜からの排出削減がないね．この記述が不足しているんだね」

聡　　「そうか．文章で示されているデータをよく見ると，そのとおりだね」

先生　「そうです．この文章はメタンの大きな排出源は家畜と石油・天然ガス事業だと述べていますが，排出源削減については石油・天然ガスだけについて書かれています．家畜からの排出削減が書かれていません．この発見が批判的読解の成果です．この場合，文章に載っているデータを素直に見直すことが，著者とは違う視点で見ることだったのです．多くの場合，そのネタは文章中にあると考えてよいでしょう．

では，家畜からの排出を減らすにはどうすればよいでしょうか？ 解析するだけでなく，自分ならどうするかを考えることが大事です．よく考えてみてください．先ほども言いましたが，いろいろな情報源に当たって関連する知識を集めると考えやすくなりますよ．先ほどの科学雑誌はバックナンバーがそろっていますから，過去のものを調べてみてください．その中に役立つ記事があると思います」

悠人 「ありました！ 牛のゲップにメタンが含まれているそうです．ゲップなんてたいしたことないんじゃないのと思いましたが，意外にもゲップからのメタンが多いそうです．なので，ゲップを減らせばいいんです」

志穂 「どうすれば減るの？」

悠人 「ゲップを少なくする餌が開発されているらしいよ．この餌に換えれば，メタンは減るよね」

志穂 「今，植物由来の代替肉が出てきているよね．それに換えれば，飼育する牛を減らせて動物愛護ができて，地球温暖化も防げて，新しい食材で食事の楽しみも増えて，メリットは多いかも！」

先生 「話は地球温暖化から動物愛護や食材にまで発展しそうですね．

この文章では『その他』に分類されているものも，詳細に見ると効率的にメタン排出を減らせそうです．ちなみに，『その他』はもう少し細かく分類してもよいと思います．さて，出典の文献 1) には，『世界の総メタン排出は既存技術で 2030 年には 57% 削減できる可能性がある』と述べられています．さらに『メタン排出量の 1/4 はコストをかけないで削減できる』とのことです．たとえば，パイプラインでメタンを輸送するとメタンの損失が回避されます．また，埋め立て地，炭鉱や排水処理プラントのメタンは発電に利用できると述べられています．先ほど聡君が言ったように，油井やガス井の漏れ防止も大事ですね．このようにメタン排出防止は，当事者とわれわれの削減する意志が大事なのです．『このような対策が世界的に実施できれば，大気温度を 2050 年までに 0.25 ℃，2100 年までに 0.5 ℃ 低下させることができるだろう』とも記されていて，メタンを削減するのは大事だとわかります」

聡　「環境問題や温暖化の対策って，自分たちにできることが多いんですね」

先生　「そうなんです．文章の批判的読解は，多くのことに目を開かせてくれますね．批判的読解の効用の一つです」

6.6　練習問題――批判的読解（その 2）　ステップ 3

先生　「練習問題を解くと批判的読解力がついたことがわかるでしょう．次の**練習問題 6-2** は，日本における高齢化，つまり全人口に対する高齢者の割合が増えていることと，人口が減少していることについて，データを示して述べています．そこで，数値データの取扱いや表示が適切か，著者の主張する年金対策は妥当なのかを，批判的に読解して検討してください．その前に，わからない用語がこの文章にあるかもしれません．それを調べて文章の内容を理解してから，批判的読解に入ってください」

悠人　「今度は高齢化と人口減少ですか．お年寄りが増えていることは知っていますし，日本の人口が減っていることも聞いています．そのことが書かれているのかな？　読んでみます」

練習問題 6-2　高齢化と人口減少が進む日本

日本は高齢化と人口減少が進んでいる．『日本の統計 2024』[1)]の「人口の推移と将来人口」によると，2022 年の日本の総人口は，1 億 2494 万 7 千人であり，前年度より 55 万 6 千人減少した．年齢区分別では，年少人口（0 ～ 14 歳）は 1450 万 3 千人（11.6%），生産年齢人口（15 ～ 64 歳）は 7420 万 8 千人（59.4%），老年人口（65 歳以上）は 3623 万 6 千人（29.0%）である．老年人口が総人口の約 29% を占めており，世界で最も高齢化が進んでいる．

長期間の人口推移を見ると，高齢化と人口減少の現況をよりよく理解できる．日本の総人口は第二次世界大戦終了後の1945年以降増加し続け，2010年にピーク（1億2805万7千人）を迎えたが，その後わずかずつではあるが一貫して減少している．生産年齢人口は1945年以降増加し続け1995年に8716万5千人と最も多くなったが，その後減少に転じた．年少人口は1945年から1955年まで増加したが，この年以降1980年近辺（第二次ベビーブーム）を除いて減少し続けている．それに対して，老年人口は1945年以降上昇の一途をたどり，1970年には総人口に占める割合が7%を超え，さらに1995年には14%以上となった．この年から日本は高齢社会に突入したのである．

このままの人口推移が続くとした場合の将来予測も示されている．それによると，2047年には1億人を割ると予測されており，このとき年少人口と老年人口の総人口に対する割合は，それぞれ9.1%と38.4%と予想されている．この年には日本はすでに超高齢社会になっていると予測されている．

高齢者が増え人口が減少することの何が問題なのか．一つは高齢者の増加により年金給付が増え，医療給付や介護など老人福祉サービス給付が増えることである．2024年度予算では，厚生労働省のホームページ[2)]によると，年金給付額は13兆3237億円で，一般会計予算（112兆717億円）の11.9%であり，医療費は12兆3532億円で11.0%，介護関係費は3兆7229億円で3.3%である．これらの総額である社会保障関係費は，33兆5046億円で一般会計予算の29.9%を占めており，これらの経費は大きいのである．さらに，これらの社会保障関係費はこれまでも増加し続けており，今後も増加が見込まれている．もう一つは生産年齢人口が減少することによって，経済成長が鈍化したり停滞することである．その結果税収が伸びなくなり，国家予算編成における公債金（国債など）の割合が増え，財政が悪化してしまう．

社会保障関連費対策は多岐にわたるが，ここでは年金対策に話を絞ろう．定年制を採用している企業では定年を60歳から65歳に引き上げたり，定年後も再雇用により雇用を継続する企業が多くなってきた．「現在収入のある仕事をしている 60 歳以上の者については約 4 割が『働けるうちはいつまでも』働きたいと回答して」いるとの報告[3]もあるから，今後，さらに定年を引き上げたり再雇用制度を充実させて，高齢者が働きやすい制度や環境を整えるべきだ．

[1]『日本の統計 2024』，「第 2 章 人口・世帯」，総務省統計局，https://www.stat.go.jp/data/nihon/02.html
[2]「令和 6 年度予算案の概要」，厚生労働省，https://www.mhlw.go.jp/wp/yosan/yosan/24syokanyosan/index.html
[3]『令和 6 年度版高齢社会白書』，「第 2 節 高齢期の暮らしの動向」，https://www8.cao.go.jp/kourei/whitepaper/index-w.html

聡　「よくわからない言葉があります．たとえば，年少人口，生産年齢人口，老年人口です．先生のおっしゃったわからない用語って，これらのことでしょうか？」

志穂　「数値データが文章中に出てきますが，これを追いかけても人口の推移がわかりにくいです．確かに，数値データの取扱いや表示には問題があるかもしれません」

先生　「批判的読解に入る前に，文章の内容を理解しなければなりません．皆さんご指摘のとおり，なじみのない用語は調べる必要があります．それと，数値データの取扱いなどには問題がありそうです．順番にいきましょう．

まず，疑問に思ったり，わからない用語や言葉があれば，専門用語事典，百科事典や国語辞典で調べてください．文章を読むときは辞書を傍らに置きましょう．電子辞書がいいかもしれません．多くの辞書が入っていますから．文章中の用語をいい加減に解釈すると，論理展開を間違えてしまいます．

この文章の著者は，年少人口などの用語を読者は知っているという前提で書いています．その説明があれば，親切な文章なのですが．このような文章も多くありますから，読者は『（電子）辞書を傍らに』を忘れないようにしましょう」

聡　「わかりました．えーっと，用語を調べると，確かに辞書に出ていますね．生産年齢人口は『生産活動に従事しうる年齢の人口』と出ています．この人口が多いと，単純に言えばGDPが伸びるということですね．まだありました．年少人口と老年人口を合わせて従属人口と言って，『生産年齢人口に扶養される人口』とあります．なるほど，人口をこのように分類しているのは理由があるんですね．そうすると，確かに生産年齢人口と年少人口が減って，老年人口が増えるのは問題ですね」

先生　「文章中の用語がわかると，書いてあることを理解しやすくなりますね」

悠人　「『老年人口は……1970年には総人口に占める割合が7%を超え，さらに1995年には14%以上となった．この年から日本は高齢社会に突入したのである』が引っかかるんです．『高齢社会』って単に高齢者が多い社会と言っているのか，何か意味があってこの言葉を使っているのか，よくわからないなぁ…」

先生　「それも調べてみてください」

悠人　「…あっ，見つけました！　長寿科学振興財団のホームページ（https://www.tyojyu.or.jp/net/index.html）を見ると，高齢化社会，高齢社会と超高齢社会という言葉の説明がありました．65歳以上の人口が全人口に対して7%を超えると『高齢化社会』と言い，14%を超えると『高齢社会』になり，21%を超えると『超高齢社会』と言うそうです．そうすると，1970年に高齢化社会になって，1995年には高齢社会になったんですね」

聡　「うーん，7%とか14%という数字に意味があって，『高齢化社会』や『高齢社会』という用語ができたのかなぁ…引っかかるなぁ…」

悠人　「あまり意味はないみたい．1956年の国連の報告書にそのような記述があったから，とりあえず65歳以上の人口が全人口に対して7%を超えた状態を『高齢化社会』と言ったみたいだよ」

先生　「いいネタが出てきたので，ここで議論の出発点について説明します．批判的読解に限りませんが，何かについて議論しようとするとき，その出発点を決めなければなりません．今のケースでは『高齢化社会』や『高齢社会』という用語の根拠があまり明確ではありません．そのままだと，これらの用語についての妥当性や定義などを議論する方向に話が進むかもしれません．それでは文章の内容についての議論が進まなくなります．ここでは，『生産年齢人口』も含めて用語の意味は先ほどのまま認めて，それらを前提に議論するとよいでしょう．

さて，ここまでで文章の内容は理解しましたね．繰り返しますが，まず，知らない用語や言葉を辞書などで調べて，著者の主張，つまりこの文章が言いたいことを理解します．そこから批判的読解が始まります．では，先ほど指摘されていた数値データの取扱いについて批判的に検討しましょう」

志穂　「先ほど話したように，この文章中の数値を見ていても人口の推移がわかりにくかったので，同じようなデータがないかネットで調べました．そうしたら総務省の『我が国における総人口の長期推移』（https://www.soumu.go.jp/main_content/000273900.pdf）にありました．それを図 6-5 として引用します．これなら，この文章で書かれている人口推移もわかりやすくなります．ただしこの図では，『年少人口』（0 ～ 14 歳）は『若年人口』，『老年人口』（65 歳以上）は『高齢人口』と書かれています．『生産年齢人口』（15 ～ 64 歳）は同じです．名称には注意が必要ですね」

聡　「ホントだ．このグラフを見ると 14 歳以下と 15 ～ 64 歳の人口が少なくなっていくのがよくわかるし，65 歳以上の人口は，全体の人口が減っていくのに，逆に増えていくのがよくわかるね．データはやっぱりグラフにするのがいいね．この文章も，このようなグラフがあったらよかったのに」

先生　「確かにそうですね．データを文章中で示すだけでは理解しにくいですね．この頃，新聞や雑誌でもデータをグラフや表で示すことが多いで

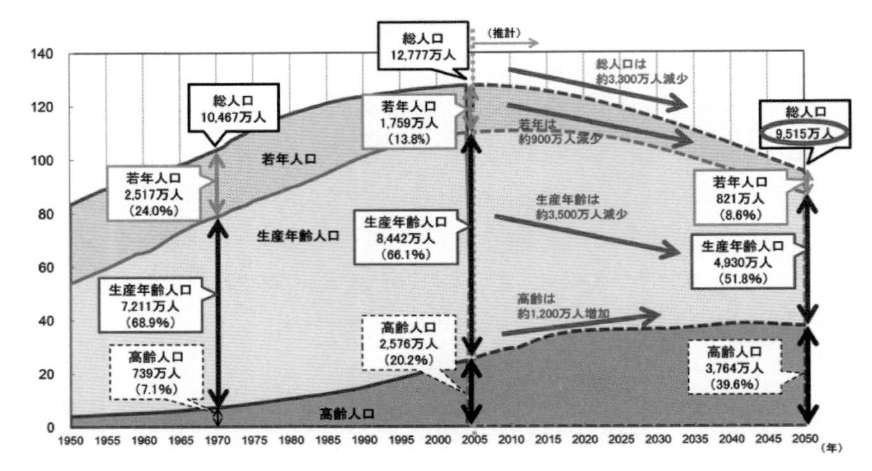

図 6-5　日本の人口推移

出典：「我が国における総人口の長期推移」，総務省，https://www.soumu.go.jp/main_content/000273900.pdf

す．政府の発行する白書などもグラフや表を多く使っています．だからこの文章も，人口推移を図 6-5 のようにグラフ化すればわかりやすかったですね．このような指摘も批判的読解です．

さて，著者の主張で疑問に思うところはないですか？」

悠人　「この文章の第４パラグラフは『高齢者が増え人口が減少することの何が問題なのか』から始まりますが，これが読解のキーポイントで，ここから話が変わります．このパラグラフでは高齢者が増えることと人口減少の問題点について書かれていて，第５パラグラフで年金対策が書かれています．僕はこの対策に問題があるようには思えませんが…」

聡　「前の文例では，逆の立場から見たら，違った読み方ができたよね．ここでも，立場や視点を変えて見てみようよ．第５パラグラフを読むと，著者は『高い就業意欲を持っているとの報告』を根拠にして，『さらに定年を引き上げたり再雇用制度を充実させて，高齢者が働きやすい制度や環境を整えるべきだ』と主張しているね．この『報告』を見てみると根拠がはっきりするかも」

悠人　「聡君のそれ，いただきます．志穂さん，さっきのウェブの資料を見せてもらえる？」

志穂　「どうぞ，これよ」

悠人　「ありがとう．いろいろなデータがあるけど…年齢別の就業者の割合が出ているから，それを**表 6-1** にまとめてみたよ．最近は定年を 60 歳から 65 歳に引き上げている企業も多くなったし，再雇用もあるというから，60 歳以上の人たちが多く働いているのはわかる．70 歳までは約 5 割の人が働いていると言えるね．でも，70 歳を超えると一気に減っている．70 歳が一つの区切りなのかな？

表 6-1　65 歳以上の人の就業割合（2023 年）

年齢 / 歳	就業者の割合 / %
65 ～ 69	52.0
70 ～ 74	34.0
75 以上	11.4

『高齢社会白書』〔文献 3)〕の同じところに，この人たちの約 9 割が高い就業意欲をもっていると報告されているよ．働いている人たちは働き続けたいということかな？　これが第 5 パラグラフの根拠になっているんだね」

志穂　「働き続けたいといっても，いつまで働きたいかは人により少し変わるよね．収入のある仕事をしている 60 歳以上の人のうち，65 歳から 80 歳まで働きたいと考えている人は合計 61.9% で，『働けるうちはいつまでも』という人も 36.7% で，これらを合わせると 98.6% にもなるよ．このデータが根拠になっているんだよね？」

聡　「このデータは就業者についてだよね．**表 6-1** が示すように，高齢になるほど就業者は減っていく．65 歳以上だと働いていない人は 5 割，70 歳を超えると約 7 割の人は働いていないんだ．この年代で働いていない人たちがどのように考えているのか，データがほしいよね」

悠人　「65 歳以上の人たちが働くことについてどのように考えているのか，働いている人に加えて働いていない人の考えも調べないといけないと思うよ．対策として書かれている『さらに定年を引き上げたり再雇用制度を充実させて，高齢者が働きやすい制度や環境を整える』のは理解できるけど，どこまで定年を引き上げればいいのか，再雇用といってもどのようなものにするのか，65歳以上の人たちの意向を聞かないといけないと思う．それに一緒に働く若い人たちが高齢の人たちが職場にいることをどのように思っているのかも考慮しないといけないんじゃないかな」

志穂「定年で仕事を辞めるか，再雇用されて働くかの二択しかないのかな？ほかの選択肢もあるはず．たとえば，起業する若い人が増えているけど，高齢者も自分の得意分野で何か起業するなんてこともできないかな？それを後押しするようなこともあっていいと思う」

先生「議論が活発になって，批判的読解ができるようになりましたね．補足すると，高齢になると，すべての人が元気はつらつというわけにはいきませんし，仕事の能力や活力も若い人と同等とは言えないかもしれません．その現状をよく理解し，その人に合わせた働き方を当事者で合意しないと，働く高齢者も職場の若い人も力を十分に発揮できないと思います．また，それについて社会的な合意（コンセンサス）も必要です．そして，今の議論では出なかったのですが，体が衰えたり病気になったりすることもあるでしょう．働きたくても働けなくなったとき，どうするか，という問題もあります．これらは，高齢者が残りの人生をどのように過ごしたいかという問題でもあります．このことは皆さんも指摘していますが，それを高齢者に寄り添って考えなければならないと思います．単に経費削減という観点から進めるべきではないでしょう．この文章では，その点もよくわからないですね．それも指摘しておきましょう．

まだ議論は続きそうですが，この話題はいったんここで終わりましょうか．

さて，休憩してお茶にしましょう．今日はおいしい和菓子を用意しておきました．お茶は静岡の川根茶です．和菓子に合うと思いますよ」

悠人　「和菓子はあまり食べませんが，味わっていただきます！」

6.7　触発的読解（その 1）　ステップ 3

先生　「甘いものは脳の疲れをとって活性化させますね．では，再開しましょう．

批判的読解として，いくつかの文章を読んできました．ここからは文章に触発された読解を学びましょう．私はこれを触発的読解と呼んでいます．図 6-2（c）の触発をもう一度見てください．著者の主張に触発されて，それについて自分なりに考えたり，新しい考えを生み出したり，発展させたりする読み方です．著者の主張とはステージが変わっていくケースもあります．

今日の午前（第 5 章）でレイチェル・カーソンの遺稿集『失われた森』の文章を引用しました．ここでは，その遺稿集の別の文章を引用しましょう．**【文例 6-3】**は『環境の汚染』という題名の講演から引用したものです．この講演は 1963 年にカイザー・メディカル・センターで行われました．カーソンは 1962 年に『沈黙の春』を出版しましたが，1964 年に死去しますから，晩年の講演です．

この講演では，農薬と原水爆実験の放射能による環境汚染について話し，講演の最後に，多くの人が農薬や放射能の生物への影響を認めながら人間への影響を否定するのはなぜかと聴衆に問いかけ，聴衆自身がそれについて考えることを求め，そして環境汚染に対して何をすべきかをも問いかけています．カーソン自身は，人間はこの問題を解決できると信じています．カーソンの時代よりも現代のほうが環境汚染はより深刻ですし，核兵器の脅威もあります．私たちはカーソンの問いかけにどのように答えられるのでしょうか．それを考えましょう．

この文章に限りませんが，文章を読むとき，その社会的背景を知っておかないと十分理解できないことがあります．この文章にも当てはまりますので，簡単に時代背景を述べておきましょう．先ほど述べたようにカーソンは『沈黙の春』を 1962 年に出版し，農薬の環境汚染に警鐘を鳴らしたのですが，化学肥料メーカーなどから非難・攻撃されました．また，この頃はアメリカやソ連（ソビエト社会主義共和国連邦，現在一部はロシア連邦）などが原水爆実験を行っており，放射能による環境汚染が深刻でした．このような時代背景のもとで講演が行われています．このことをまず把握してください．

それから，欧米のキリスト教社会では，人間は，神の意志により，神に似せて創造された存在で，動物とはまったく異なる特別な存在であると認識されています．このことも押さえておかないと，カーソンの問いかけに答えられません．

さて，これだけの予備知識をもって文章を読みましょう．この文章は論理的で明晰な文章ですが，読者は著者の問いかけを自分の言葉で考えて答えることが求められます．まさに触発的な読解が必要な文章です．まず読んでみて，感想を言ってください．そこから読解を始めましょう」

【文例 6-3】 講演「環境の汚染」より

ひとつ，重要な意味を持つ事実があります．マラー博士[1)]は昆虫を使った実験から，外部環境による影響は突然変異を起こしうることを発見しました．しかも，それが人間にも適用できることは，まずまちがいありません．じつのところ，生物学におけるもっとも驚くべき現象は，あらゆる生物の遺伝系の基本的な類似性です．それでもまだ，環境が生物に与える影響，そして今日のテーマである汚染[2)]が生物におよぼす打撃について考えるとなると，つねに私たちは，人間も他の生物と同様に悪影響を受けるのだと認めるのを，奇妙にもためらっています．たとえば，農薬が川に流れこむと魚が死ぬという事実は，すんなり認められるのに，その川の水を飲む人間にとって害になりうる，ということは認めようとしないのです．鳥が全滅したと聞いても，自分たちにはそんなことは起こるはずがないと考えるのです．もし私たちがこのような考え方をつづけるなら，数百万匹の実験用動物を犠牲にして，いくら入念な実験をしても，すべて水泡に帰してしまうことでしょう．しかしながら，驚いたことに，こういう考え方はごくありふれたもので，はっきり明言されないにしても，公式な見解や決定の根底に存在しており，おそらくは，だれもがそう思っているから決定的行動を起こそうとしないのでしょう．ひょっとすると，そういう姿勢は今晩のテーマとは深い関わりあいのない，別の問題なのかもしれません．思うに，それは私たち人間の起源にかかわるある種の否定とも受けとれます――人間も他の生物と同じく地球の生態系の一部であり，環境の力に支配されているという事実を受け入れることに抵抗している，あるいはその準備ができていない，ということです．

歴史を振りかえってみれば，似たような例が見つかります．チャールズ・ダーウィンが進化論を発表した当時の大騒ぎを，どうぞ思い起こしてください．人類の起源についてのダーウィンの考えは感情的に激しく否定され，一般の人々ばかりか，同輩の科学者たちからも非難されました．『種の起源』で示された概念が認められるには，長い時間が必要でした．ですが，今日では，教育のある人なら，進化を事実として認めないことはまずありません．それでもなお，非常に多くの人々が，人間は進化の絆によって結びついている他の無数の生物と同じく，環境からの影響を受けているという，あきらかな必然的結果を否定しているのです．

人間は心ひそかに何を恐れているのか，自らの起源を認め，あらゆる生物が進化し共存してきた環境との深いつながりを認めようとしないのはなぜなのか，それに思いを巡らせるのはとても興味深いことです．ヴィクトリア朝時代の人々は，いわれのない恐れや迷信ゆえに，ダーウィンの進化論に尻込みし，狼狽しましたが，結局はそれを克服しました．きっと，私たちもまた，人間と環境との真のつながりについての事実を受け入れることができることでしょう．そのような知性と自由の満ちた状況においてこそ，私たちは現在目の前にある難問を解決することができると私は信じています．

出典：レイチェル・カーソン著，リンダ・リア編，古草秀子訳，『失われた森　レイチェル・カーソン遺稿集』，集英社（2009），p.334-336.

[1] 引用者注：遺伝学者.

[2] 引用者注：この文章の前に話された農薬や放射能による環境汚染のこと.

志穂「この文章は講演なので，そんなに難しいことは言っていないと思うけれど，1回読んだだけではよくわかりません．順番に読んでいけばいいんでしょうか？　まず，人間も含めたすべての生物の遺伝系は似ていると指摘しています．それに続いて，環境汚染は生物に打撃を与えることを，農薬が川に流れ込むことにより魚が死ぬことなどを例にあげて述べています．だけど，環境汚染は人間にも悪影響を及ぼすことを，人は認めたくないのだと言っています．ここまでわかりました」

聡「第1パラグラフの終わりに『ひょっとすると，そういう姿勢は今晩のテーマとは深い関わりあいのない，別の問題なのかもしれません』と書かれているけれど，これが引っかかります．微妙な落とし穴だと思います．ここを飛ばすか，この後に『しかし，私が』を補うとわかりやすくなるんじゃないでしょうか」

先生「聡君の指摘したとおり，ここは微妙な落とし穴ですね．カーソンは謙遜して言ったのかもしれません」

聡「ありがとうございます！　続けます．第1パラグラフでは『人間も地球の生態系の一部であり，環境の力に支配されているという事実』を人が受け入れないと言いたかったのです」

悠人「それに続けて，第2パラグラフはダーウィンの進化論を受け入れるのに時間がかかったと言っています．そして『環境からの影響を受けているという，あきらかな必然的結果を否定しているのです』と，第1パラグラフと同じ結論になっています．同じことを別の角度から言ったんですね」

志穂「それなら，第3パラグラフの『人間は心ひそかに何を恐れているのか』が読解のキーポイントですね．人が環境とのつながりを認めないのはなぜなのかと問いかけ，『それに思いを巡らせるのはとても興味深い』と言っています．そして『人間と環境との真のつながりについての事実を受け入れることができ』，『私たちは現在目の前にある難問を解決することができると私は信じています』と結んでいます．これがこの文章の結論だと思います．

表面上は読み解けた気がしますが，わかったとは言えません．このパラグラフは難しいです」

先生　「文章の論旨を皆さんはよく押さえたと思います．確かに第 3 パラグラフは，カーソンの言葉について自分なりに考えないと，本当に理解したとは言えないですね．カーソンの言葉を繰り返し口ずさんで，メモをとって，カーソンの言いたいことを考えていきましょう」

悠人　「人間が心ひそかに恐れているものは何だろう？　それは『自らの起源を認め』ること，つまり，あらゆる生物の遺伝系は基本的に類似していることじゃないかな？　ということは，ダーウィンの進化論が言うように，人間は生物進化によって生まれたものということを認めるのを恐れているのかな？」

聡　「そうかもしれない．でもここはカーソンの意見に従って，人は進化論を認めていると考えてよいと思う．人間も生物と同じく『環境からの影響を受けているという，あきらかな必然的結果』を受け入れること，それを恐れているんだと僕は思う」

悠人　「そうだね．第 2 パラグラフをよく読むとわかったよ．なるほど，『環境からの影響を受けている』＝『あらゆる生物が進化し共存してきた環境との深いつながり』だよね．そうすると，カーソンが言うように，それを認めないのはなぜだろう？　不思議だね」

志穂　「だから『それに思いを巡らせるのはとても興味深いことです』って言ったのね．ここ，よくわからなくて困っていたところです．やっとわかりました．ホント，なんで認めないんでしょうね」

先生　「カーソン自身はそれについて自分の考えをもっていたと思いますが，聴衆自身に考えてもらいたくて，聴衆に投げかけたのでしょう．この問いに対して，自分自身の意見をつくるのが聴衆であり，読者である私たちです．考えてみましょう」

悠人 「農薬で魚が死んだり，鳥が全滅したりするという事実を見せられると，自分には関係ない，自分は安全だと思いたいよね．都合の悪いことには目を閉じていたい．心理学の授業でこれを『正常性バイアス』と習ったよ．このような心理が働いたと思う」

志穂 「それもあると思うけど，やっぱり人間は神様が創ったもので特別な存在だから，環境汚染は人間には影響ないと思いたいんじゃないかな」

聡 「僕は，人間は特別な存在だと考える人たちの気持ちはわかるよ．人間だけが言葉を話し，文字を書き，文化をつくり，高度な文明を生み出したよね．猿は確かに社会生活は営んでいるけど，言葉は話さないし文も書かない」

悠人 「でも，人間は猿から進化したことは事実なんだから，環境が変化して生物が影響を受けるのなら，人間も影響されるのは当然だと思う」

聡 「猿から進化したことが科学的事実だとしても，それを受け入れるかは個人のもっと深い信念みたいなものに関係しているんじゃないかな？　カーソンは『私たち人間の起源にかかわるある種の否定』と言っているよね．さっき先生がおっしゃったように，キリスト教では人間は神に似せて創られたというし．それが強い信念になって心の底にあれば，『人間も他の生物と同じく地球の生態系の一部』とは考えにくいんじゃないかな？　そうなると，ダーウィンの進化論を理性としては理解できても，心では納得しにくいと思う」

悠人 「ダーウィンの進化論が社会で認められるのに時間がかかったんだから，『人は生態系の一部』で環境が変われば人の生活や健康も影響を受けると納得できるのに時間がかかるのは仕方ないのかな？　カーソンの講演は1963年だから，まだまだカーソンと同じ考えの人は少なかったかもしれないけど，21世紀もだいぶ過ぎた今は，SDGsやCO_2削減を世界中で多くの人が言っているよ．環境の影響が本当にあって，それが深刻だってことを多くの人が気づいたからだと思う」

志穂　「でも，そうじゃないと声高に言っている人もまだ多いよ．そういう人の声は大きいから，ぼんやりしていると，それが世の中の声かと誤解してしまう．

この文章の結論は，『そのような知性と自由の満ちた状況』で『目の前にある難問を解決することができる』ですね．『目の前にある難問』は，わかるような気がします．カーソンが言いたかったのは，原水爆や農薬などによる環境汚染を食い止めることだと思います．現代の私たちにとっては，二酸化炭素による地球温暖化やプラスチック汚染などの環境問題も加わると思います．

これって，みんなで話し合ったからわかったんだよね」

先生　「皆さんの話し合いが触発的読解なのです．今，皆さんはカーソンの講演を読んで，そこから触発されて考えたことを話し合いました．このように文章や本を読んだ後で考えたことを何人かで話し合うと，お互いの意見がブラッシュアップされて，今まで気づかなかった新しい考えを生み出すことができます．

一人のときは著者を対話の相手に想定して，もちろん自分の心の中ですが，その人と話し合う気持ちで，自分の考えを高めていくとよいでしょう．また，考えたことをノートや付せんに書くのもよい方法ですね」

聡　「でも，まだわからない箇所があります．結論の『目の前にある難問』は志穂さんの言うとおりと思いますし，これはわかりました．だけど，その前の『そのような知性と自由の満ちた状況』って何でしょう？　わかるような気もしますが，うまく言葉にできないんです」

悠人　「『そのような知性』って，その前にある『人間と環境との真のつながりについての事実を受け入れることができる』知性だと思うよ．さっきみんなで議論したことができるような知性じゃないかな？　でも『自由の満ちた状況』ってわかりにくいよね」

先生 「確かに難しい表現ですね．文章中にこのような難解な言葉があると，そこが空白になって，それ以降がわからなくなってしまいます．前後の文章を読み直して，もう一度その箇所に戻って考えてみましょう」

志穂 「この文章を最初から読み直して，みんなで話し合ったことを思い出すと，さっき悠人君が言った正常性バイアスにはまっているというのは，たぶん頭が何かにがんじがらめになっていることだと思う」

聡 「なるほど，そうすると『自由に満ちた状況』とは，バイアスから逃れている，バイアスから自由になっているってことか！ うん，そうだね」

悠人 「あーっ，何かに縛られているんじゃなくて，自由に物事を考えられる状況を言っているのか！ それなら『人間と環境との真のつながりについての事実を受け入れることができる』よね」

聡 「つまり，自分の頭で考えて，新しいことが考えられる人なんだね」

悠人 「新しい考えができる人って，今までの考えにとらわれていないよね．そんなふうに考える人が多くなれば，いろいろな角度から問題そのものを見つめて，その解決法を考えることができるんだね」

志穂 「賛成．悠人君すごい！ 私もそう思う．だけど，多くの人が自分の考えにこだわったら，かえって逆効果じゃないかな？ ほかの人の意見も聞いて，自分の考えを修正したり，ほかの人を説得したりしないといけないよね．つまり，公平な議論ができることも大事だと思う」

悠人 「そうか．『自由の満ちた状況』って深いね」

先生 「皆さん，見事です．まだまだ議論は続きそうですが，この文例については，ここまでにしましょう．触発的読解もだいぶできるようになりましたね」

6.8　練習問題――触発的読解（その 1）　ステップ 3

先生　「では，練習問題をやってみましょう．練習問題 6-3 を見てください．この文章は，『人類の起源という考えそのものについて』という論考から引用しました．これは，人類の歴史にまつわる二つのドグマ（偏見や先入観）を取り上げ，それが最新の研究によって揺さぶられつつある現状を述べたものです．ここで引用した文章は，その前半で，人類の起源という考え方はドグマそのものであることを述べた箇所です．この文章を読んで，なぜ私たちはドグマにとらわれやすいのかを議論してください．

なお，この文章には微妙な落とし穴はありませんので，素直に読めます．でも考えさせる内容です」

練習問題 6-3　人類の起源という考えそのものについて

我々はどこから来たのか，我々は何者か，我々はどこへ行くのか．誰にとっても大きな関心事である．それだけにこのトピック――生物種としての人類の歴史――は諸々の好ましからざるドグマ（偏見や先入観）のもとで語られてきた．しかし他方で，近年になって人類学，考古学，集団遺伝学，進化生物学がもたらした画期的な発見の数々は，そうしたドグマを突き崩す力をもっているようにも思われる．

本稿では，人類の歴史にまつわるふたつのドグマをとりあげ，それが最新の研究によって揺さぶられつつある現状について簡単な見通しを与えてみたい．

ちなみに現在の人類研究においては，もはやそのようなドグマを目にすることはない．しかしテレビ番組，SNS，各種広告，ブログ記事等々に目を転じれば，いやでもお目にかかることができる．本稿が照準するのは，人類研究をその小さな一部分としてふくむ我々の社会全体に浸透しているそうした通念である．

第 1 に，人類には起源がなければならないという特権性のドグマがある．そりゃ人類にも起源くらいあるだろうと思うかもしれないが，ちょっと考えてみてほしい．そもそも起源の語が好んで用いられるのはどうしてかと．

生命が生まれて以来，生物進化はつねにすでに「中間からのスタート」(ダニエル・デネット)である．人類についてもそれは同じだ．しかし多くの場合，この語はダーウィン『種の起源』のように英語のoriginにある由来・出自という含意を活かした進化的用法よりも，創世記風の一回的・特権的な始点を語る物語的用法が有力であるように思われる．それはなぜか．これによって人類の歴史が特権的な歴史物語，つまり神話のよそおいを得るからである．

神話とは「世界のはじめの時代における一回的な出来事を語った物語」である．それによって神話は「存在するものを単に説明するばかりでなく，その存在理由を基礎づける」ものとなる．

この意味で起源は科学的というより神話的な概念である．もしチンパンジーとの共通祖先からの枝分かれが問題であるのなら，「分岐」とか「(種) 分化」と呼ぶのが正確であり，また誤解も少ないだろう．もちろんそんなことは誰でも知っているのだが，しかし分岐や分化にその役目を任せるわけにはいかない．分岐や分化の概念には，「はじめの時代における一回的な出来事」としての特権性が決定的に欠けているからだ．物語的な訴求力が圧倒的に足りないのである．結果として，実質的には分岐や分化について記された書物や記事が起源神話のよそおいをまとって我々のもとに届けられることになる．その物語的な訴求力をあてにできる程度には，我々はいまだ起源神話を信じているのである．

第2に，人類の進化はすでに完了しているという同一性のドグマがある．これについても，そんなわけはないだろうということを誰でも知っている．しかし実際には，過去の人類(プレ・ヒューマン)であれ現在の人類(ヒューマン)であれ，未来の人類(ポスト・ヒューマン)であれ，みんなそれぞれが完成品であるかのように扱われる傾向がある．通常の生物進化のスケールにたいして個々人のライフサイクルが圧倒的に短いという，ある程度はやむをえぬ事情もあるかもしれない．しかしそれにしても，つねにすでに進行中である人類進化にたいする関心は「原始人」や「未来人」に比べてずいぶんと低いのだ．じつはみん

な進化になんか興味ないんじゃないかと思われるほどである．（中略）
　ことほどさように，人類の歴史にはいまなお特権性と同一性のドグマに支えられた起源神話が求められているのである．

出典：吉川浩満，「人類の起源という考えそのものについて」，現代思想，2016年5月号，p.106-111.

悠人　「人類に起源があることがドグマとは驚きました．だって，人類に起源がなければ現在の人類はいないんだから」

聡　「ここがスタートと断言できる起源はない，ということだと思うよ．生物学概論で人類の進化が講義されていたのを覚えてる？　猿人から多くの進化の道筋があって，そのどれもが途中で途切れているんだけど，ホモサピエンスにつながる1ルートだけが現在まで来ているはず．
　このことは先生がおもちの科学雑誌にも載っているよ」

志穂　「そうね，ホモサピエンスの隣にはネアンデルタール人がいる．ヨーロッパでは，この二つの人種が共存していたみたいね」

悠人　「そうかぁ，逆にどこでも起源だと言えるのかな？」

聡　「それでは起源とは言えないよ．起源って，どこか始めの点ということだと思う．ギリシャ神話で火の起源は，プロメテウスという神様が天上の火を盗んで人間に与えたことだよね．これは確かにはっきりした起源だけど，人類の進化には当てはまらない．ここから人類が始まるという点が人類の進化にはないから．どこもそうかもしれないし，そうでないかもしれない．猿人から進化して，少しずつ現代の人間になっていったんじゃないかな？」

志穂　「私も同感．それはわかったけど，人類に起源があるって聞いたとき，私も悠人君と同じように，起源があるんだと素直に思ったな．生物学の知識はあったけど，それと矛盾するとは思わなかった」

悠人　「この文章では，起源より『分岐』や『分化』のほうが適切だと言っているけど，やっぱり『起源』という言葉のほうがわかりやすいし，ロマンを感じるよ」

聡　「起源という言葉を使うと，やっぱり地球の歴史のどこかで突然人類が現れて，しかもそれは一回限りの出来事だと感じる．それがドグマってことなのかな？」

志穂　「実際そんなことはないんだから，神話だしドグマだよね．そうか，少しずつわかってきたような気がする．どうして私たちはそんなふうに考えたがるのかっていうことね」

聡　「人は動物とは違うと思いたいよね．特別だと思いたい．だから，神様が人をお創りになったというのは心地いいし，すんなりと納得できる」

悠人　「でも，それは根拠がないドグマなのか….しかもそれは，みんなも同じように思っているから，共有できる．そうすると常識になって，幸せに感じるし安心もできる．疑いもしないし，ドグマなんて思わない」

志穂　「正しくないから，ドグマって言われるのかな？　でもそれって，どうやって気づくのかな？　信じていることはデータを見せられても，素直に『そうか，間違えていたね』とは思えないよ」

聡　「人類の進化については，系統図も見ていたのに起源との矛盾を感じなかったのは，『起源』という言葉の本当の意味を理解していなかったからじゃないかな？　だから，やっぱり本当のこと，それも複数の情報と照らし合わせて，自分で考えてみることが大事だと思う．客観的に見たときに正しくなければ，ドグマなんだよね．でも，今回のようにみんなで話し合うと，あー，これがドグマか！ってわかるんじゃないかな？ドグマって疑問にも思っていないことだから，そんなに簡単に間違えたとは考え直せないよね」

志穂　「異なる複数の情報を調べることが大事なのね．だいぶわかってきた」

先生　「私たちは理系ですから，常にデータとエビデンスに基づいて考えるように努力しましょう．データとエビデンスは事実ですから，事実だと自分が正しいと思っていることと照合して，客観的に考えることが大事です．そしてもう一つ，間違えたと認識したら，それを捨てることも大事です．データとエビデンスが示す方向に素直に従いましょう」

6.9　触発的読解（その 2）　ステップ 3

先生　「ではもう一つ，別の文章を読みましょう．**【文例 6-4】**です．ここで引用したのは日本で初めてノーベル賞を受賞した湯川秀樹が 1974 年に書いたエッセイです．短い文章で平易ですが，本当に文意を理解するには触発的読解をして，よく考える必要があります．文章の構造解析は，もう皆さん十分にできるでしょう．なので，この文章の結論『自分のためであると同時に，人のためにもなる』ことについて，皆さんで議論し，自分にとってそれは何かを考えてください．結論が出なくても構いません．議論して考えることが大事なのです．それも触発的読解ですから」

【文例 6-4】　一日生きることは

私はだいぶん以前から座右銘を書くように依頼されると，「一日生きることは，一歩進むことでありたい」ということばをたびたび書いた．実際，私は昔からずっと，今日の一日に，何がしかでも進みたいと思いながら生きてきた．ところで，進むとか，進歩するとかいうのは，いったい何が進歩するのか．確かに現代の科学技術文明は，まだ進歩し続けている．人類の夢であった月旅行も実現させたが，それに投じた莫大な人的，物的資源に価することであったかどうか．核兵器などという，とんでもないものが出現し，核大国はいまだにその威力の増大の競争を続けているが，こんなのは「進歩」どころか破滅への暴走にすぎない．今後の人類は目先の結果だけでなく，先々までよく考えてから行動しなければならない．人類全体としても個人個人も，叡智を働かせて，何が本当の進歩であるかを見きわめなければならない．

私は以前から人間の創造性という問題に深い関心をもっていた．創造性が発揮できれば，いちばん強く生きがいを感じられるのである．特に学者である私は，だれもわからなかったことをわからすこと，新しい真理を発見することを生きがいにしてきた．しかし創造性には自己規制がともなわねばならない．人類社会における科学技術の発達が，社会自身の暴走と破滅をもたらさないように，自己制御する，そういう意味の科学技術の進歩，それが今後の世界の本当の進歩というものであろう．

孔子は論語の中で「古の学者は己のためにし，今の学者は人のためにする」といっている．極端にいえば，昔の学者は自分が真理を知るために学問したが，今の人は立身出世や見栄のために学問しているということである．つまり社会から一方的に，他律的[1]に規制されているだけでは，本当に学問することにならない．学問とはまず自分の知りたいことがあって，それを探求することであり，自分が知ることがやがて，それを他人にもわけ与えることになる．そこで自分のためであると同時に，人のためにもなる．そういうことでありたいと思う．

出典：湯川秀樹著,『湯川秀樹著作集 第6巻』, 岩波書店(1989), p.297-298.
[1] 引用者注：他律とは，自分の意志によるのでなく他からの命令や束縛によって行動すること(『広辞苑 第7版』).

志穂　「やさしい言葉で書かれていて，サクサクと読めます．でも，何となく深いなあとも思います．

湯川は座右の銘の『一日生きることは，一歩進むことでありたい』の『一歩進む』について考えたんですね．湯川は，科学技術の発達が核兵器というとんでもないものをつくってしまったから，本当の進歩は何だろう？と問題提起をしています．物理学者らしいですね」

聡　「それを受けて，科学技術の発達は，社会自身の暴走と破滅をもたらさないように，自己制御することが大事で，それが本当の進歩だと言っています」

悠人　「そして孔子を引用して，学問することについて述べています．学問とはまず自分の知りたいことを探求することであり，それが人のためにもなるのだと言っています．

何となくわかるような気はしますが…」

志穂「そうなんです．わかる気はするけど，湯川の言葉をよく読むと難しいって感じます．『今後の人類は目先の結果だけでなく，先々までよく考えてから行動しなければならない』とか，『人類全体としても個人個人も，叡智を働かせて，何が本当の進歩であるかを見きわめなければならない』なんて難しいです．何をどうしたらいいのかな？」

先生「よい指摘ですね．湯川がこの文章を書いた時代背景を知り，湯川の平和活動を知ると，この言葉を考える参考になります．先ほども言いましたが，文章を理解するには，その背景を知ることも大事です．このエッセイは 1974 年に書かれましたが，当時はアメリカとソ連の冷戦時代でした．ソ連はもうなくなった国ですが，当時は世界がほぼアメリカとソ連の傘下で二分され，実際に武器を使う戦闘にはなりませんでしたが，両者が戦争に近い状態でした．それを冷戦と言います．問題なのは，両国とも地球を何回も破滅できる数の核兵器をもっていたことです．核兵器を実際に使えば，人類も地球の生命もすべて消滅してしまう，そんな危機的状況だったのです．

また湯川は，彼自身が中間子の発見で原子核物理学の発展に大きな寄与をしました．しかし，その学問的業績が原子爆弾の開発の基礎になったのです．だから，核兵器の廃絶のために活動していました．そのような背景を知ると，この文章をよく理解できます．それと現在の状態を比較して，私たちの今の問題として考えると，湯川の言っていることが生きてくると思います」

湯川秀樹
（1907～1981）

聡「それは歴史の授業で出てきたので覚えています．たいへんな時代だったんですね．でも，今もあまり変わらないような気がします．

ソ連はなくなって冷戦もないですが，世界のあちこちで紛争が起こっているし，気候変動の影響で異常気象が頻発しているし，フェイクニュースもあるし，湯川の時代とは違いますが，別の危機的状況と言ってもいいんじゃないでしょうか？」

悠人　「聡君の言うとおり．だから湯川の文章は，今でも考える価値があるということだね．湯川の言う『先々までよく考えてから行動しなければならない』とか『何が本当の進歩であるかを見きわめなければならない』は，核兵器が念頭にあると考えると理解しやすいね．でも，今湯川がいれば，やっぱり同じことを言うと思う．気候変動やフェイクニュースについてよく考えなければならない，とね．そして気候変動の原因になりそうなことをしないとか，フェイクニュースを拡散しないようにするとかは，湯川の言う『自己規制』なのかな？　そして気候変動の解決やフェイクニュースを抑えることにつながることを『一歩進む』と言うのかな？」

志穂　「大きな話になったね．でも，まだまだ知らないことが多いし，そんなことってできるのかな？」

先生　「そんなに深刻にならなくてもいいですよ．確かに今はわからないことがあります．それはそれでいいんです．わからないところがあるのも読解なのです．前にも言ったように，その箇所に下線を引いて今の考えを余白に書きましょう．いつか再読したときや思い出したりしたときに，もう一度考えればよいのです．読解の効果は，読後すぐに文章の意味を理解するだけではありません．いつか，それが役立つこともあります」

志穂　「よかった，安心しました」

聡　「みんなの議論を聞いていると，結論の『自分のためであると同時に，人のためにもなる』は深いね．文章を読んだときは，わかったと思ったんだけど，それは浅い読解だった気がする．『自分のため』って，『自分の考えで，やりたいことをやる』ことだと思うよ．そして『人のため』は，『ほかの人や社会の役に立つ」ことだと思う．『自分のため』＝『人のため』になるようにしたいね．

でも，それは難しいかもしれない．自分の知りたいことが人のためにならないことがあるのは，核兵器からもわかる．どうすればいいかな？」

志穂「それって何だろう？　わからないな．先生のおっしゃるように，今は頭に入れておくことにして，また考えてみましょうか」

6.10　練習問題——触発的読解（その 2）　ステップ 3

先生「では気分を変えて，もう一つ読んでみましょう．**練習問題 6-4** を用意しました．人類の進化の過程では多くの道がありましたが，私たちホモサピエンスは現在の姿に進化しました．おそらく現在でも進化の途中にありますが，その時間が長すぎて，100 年程度しか生きられない私たちには感知できません．でも，もしかしたら，私たちは現在の姿ではない形態になったかもしれません．そのような姿を想像してみるのもおもしろいでしょう．想像することも触発的読解の一つです．

この練習問題は『ヒトの体と心のなりたちについて』という論考の『あり得たヒューマン——頭痛のない直立』という節から引用しました．この文例は，人も尻尾をもった可能性を述べたものです．人に尻尾があったら，現在の私たちはどのような生活をしていたでしょうか？　想像してみてください．このような想像も本を読む楽しみの一つですね．なお，この文例の『ヒューマン』は『人』という意味です」

練習問題　文例 6-4　あり得たヒューマン——頭痛のない直立

ヒューマンは四肢動物として進化したので，2 本の手を使うと残りは 2 本の足しかない．2 本足で重たい頭を支えようとすると「直立」せざるを得ない．直立した体軸のいちばん上に大きな脳が“重し”のように乗っている．まるで脳が“漬物石”で，首から下は押し潰された“漬物”のようである．これが頭痛，肩こり，腰痛その他の体のトラブルの一因であるとされている．

　しかし，実のところ，四肢動物の多くは「尻尾」という“第5の肢”を持っている．これはもちろん歩行用ではないが，体全体のバランスを保つことに使われている．逆に言うと，ヒューマンは尻尾を失ったことで体のバランスを崩しやすくなり，それが頭痛・腰痛などの体のトラブルの遠因となったのかもしれない．でも，尻尾を保持したまま直立できるか，という疑問も生じる．それは可能だ．カンガルーを見ればよい．カンガルーは尻尾でバランスをとりながら直立する．そのためか移動能力も高く，1日に100キロメートルも移動できるという．もっとも，移動能力ならヒューマンはとても優れていて，「ウルトラマラソン」で100キロメートルを6時間台で走破した例もある．しかし，移動能力を多少犠牲にしてでも，尻尾でバランスをとることのメリットは小さくないのではないだろうか．ちなみに，カンガルーは尻尾があるため後退できない，前進のみである．やはりオーストラリアに生息する“飛べない鳥”エミューも前進のみである．この「前進のみ」が文字通り“前向き”に評価され，カンガルーとエミューはオーストラリアの国章に採用されている．

出典：長沼毅,「ヒトの体と心のなりたちについて」, 現代思想, 2016年5月号, p.79-80.

志穂　「頭が『漬物石』で体が『漬物』っておもしろいね．直立したことによって頭痛や肩こりが出てきたことは，どこかで聞いたことがある」

悠人　「尻尾があれば頭痛などなくなっていたのかな？　不思議だね」

聡　「カンガルーみたいな大きな尻尾があれば，それを使って速く走れるかもしれない．もしそうなら，オリンピックの100m走は簡単に10秒を切っただろうし，中距離走も記録を短縮しただろうね．だけどマラソンみたいな長距離でも速く走れるのかな？　尻尾を振ると反動になりそうだから速く走れるかな？　それとも尻尾が重くて邪魔になるかな？　考えてみるとおもしろいね」

悠人　「長距離走だと，尻尾は重くて邪魔になるんじゃないかな？　確かにカンガルーは短距離は速く走れそうだけど，長距離は厳しいかな？」

志穂「そうかな？　適度な大きさの尻尾なら反動で前へ進めるんじゃない？　カンガルーの走り方を見れば参考になるかな？」

聡「YouTube にカンガルーが走っている動画があるよ．…カンガルーは両足を揃えて地面を蹴って走っているね．確かに尻尾を振っていて，それがうまく反動になっている気がする．うーん，人の走り方でも尻尾の反動はプラスに働くのかな？」

悠人「推進力になると思う．足を前に出したときに尻尾を下げ，足が地面を蹴るときに尻尾を上げると推進力になりそう．推進力が強くなる尻尾の大きさってあるのかな？　シミュレーションするとおもしろそうだね」

聡「でも前進あるのみは何とかしないといけないね．後退も必要．これは困ったね．尻尾の形や長さを変えるといいのかな？」

志穂「猿は長い尻尾をもっているけど後退できるのかな？　調べてみたけどわからない．だけど，オナガザルのような細くて長い尻尾があったら，アクセサリーで飾りたいな．ファッションになって楽しそう．水平に伸ばしたり上に高く上げたりするとかわいいかも」

聡「女性には楽しいだろうね．それに尻尾は電車に乗ったとき，つり革をつかむのに便利そうだし，電車でなくても何かをとったりつかんだりできるね．3 本目の手として使えるかな？」

悠人「体のバランスをうまくとれそうだね．無理な体勢になっても，こけなさそう．あと，後ろに注意を払うことができるかも．後ろに目はないけど，その代わりをしてくれれば，前だけでなく 360 度目配り，いや尾配りができるよ」

志穂「ちょっと邪魔になるかな？　混んでいるときは，隣の人にぶつからないか気になるかも．でも，ある程度距離が保てていいかもしれない」

先生 「話が盛り上がっていますね．想像することは楽しいことです．論理や合理性ばかりでは，頭がカチカチになってしまうし，縮こまってしまいます．創造力や空想力を自由に羽ばたかせるのも創造にはとても大事です．私たちは真面目すぎるところがありますから，このような創造や空想に引き込んでくれる本や文章も読む価値が大いにあります．

今日はこのくらいにしておきましょう．

さて，本章では批判的読解を理解しその力をつけるために，いくつかの文例を読んできました．いずれも読者が考えるべき内容をもっている文章を選びました．さらりと読めて内容を理解できて，そこで終わりという文章や本もあります．でも，ここで読んだ文章のように，読んだ後考えることを求める文章や本も多いのです．難しいことが書いてあって，考えながら読むべきものもありますが，読みやすくてわかったという気になっても，後でじっくりと考えさせるものもあります．

皆さんは3日間の学びで，読解の基本から批判的読解という高度な方法までをマスターしました．短時間でよく身につけましたね．こちらも教えがいがあったというものです．今後は学んだことを使って，たくさんの文章や本を読み，読解力を高めていってください」

三人 「ありがとうございました！　文章を読むことが怖いとも面倒とも思わなくなりました．自信もつきました」

先生 「それはよかったです．では，これで終わりましょう．気をつけてお帰りください」

おわりに

志穂さん，聡君，悠人君は，晴れやかな満ち足りた笑顔で帰っていきました．今後は，この3日間で学んだことをさまざまな文章で実践し，応用してくれるでしょう．

本書に登場した三人の学生に限らず，理系の人たちは文章を読むことや書くことが苦手かもしれません．国語よりも理科や数学が得意だったり好きだったりしたために，理系の大学や大学院へ進学した人も多いでしょう．しかし在学中は，実験レポート，卒業研究論文，修士・博士学位論文，投稿論文など,文章を読んだり書いたりする機会が多くあります．そして卒業後は，さまざまな職場で働くことになりますが，どの職場であっても，その分野の専門的な文章や仕事に関する文章を読み書きすることが日常的に求められます．そして文章の意味を深く理解し，新しい考えや発想も求められます．つまり理系人は科学技術関連の文章（理系文）の読解力が求められているのです．本書は，理系文の読解術を伝えるために著しましたが，その役目は果たせたのではないかと自負しています．

理系文に限りませんが，文章を読んだ後，そこから読みとったことや触発されたことを言葉にするのが大切です．文章から受けた感銘や影響が大きければ大きいほど，なかなか言葉にはできないかもしれません．最初，その姿はぼんやりとしているかもしれませんが，そこを何とか言葉にしてみてください．思いついたことを，まず言葉にしてみましょう．言葉にすると少しだけ，自分の思いが姿を現してくれます．言葉を替えたり違う文章にしたりしてみると，さらに思いが姿を現してくれるでしょう．それを何回か繰り返すと，はっきりとした姿になります．多くの場合，それは一人で行うことになります．しかし，本書の学生たちのように，同じ文章を読んだ人と共同で行えば，さらに読書の効果は増すでしょう．三人寄れば文殊の知恵なのです．

なぜ私たちの考えることは，すぐに言葉にならず，もどかしい思いをするのでしょう？　著者の私見ですが，次のように推測しています．私たちが思いつく新しいアイデアや考え(思想)は，私たちの脳で生まれます．私たちが明確な思想として認識しているのは，その一部(つまり意識という領域)にあるものに限られます．意識の下には無意識という領域があります．その無意識下でも思想は生まれるのですが，それがきわめて重要であると著者は考えています．無意識下で生まれた思想は，私たちの記憶や経験と結びついており，意識下にあるものとは大きく異なります．新しい思想に変化していると考えられるからです．しかし，それは私たちには認識できません．無意識下にある思想は，言葉を使って文章として表現し，無意識下から意識下に移動させないと，私たちには認識できないからです．思想を表現するのに言葉は必要不可欠です．ふさわしい言葉が見つからないと，その思想は明瞭な姿を見せてくれません．だから思想を明瞭にするには，多くの言葉のエネルギーが必要なのです．そのとき他者の言葉も助けてくれます．意識に現れた思想は，別の言葉で言い換えたり言葉を重ねたりすることで，より明瞭な形へと仕上がります．この過程には時間がかかり，なかなか適切な言葉が見つかりません．思想を表現するのにもどかしい思いをするのは，このように考えると理解できるのではないでしょうか．

その知的作業は，インターネットやAIではつくりだせません．まさに人間の頭脳が創造力の産物なのです　．

最後に，本書制作の経緯について触れます．本書は，三人の学生と先生との対話形式で進行していますが，この形式は化学同人編集部の後藤南さんのご提案でした．また著者のまとまりのない文章を，生き生きとした会話に仕上げていただいたのは，現担当者の加藤貴広さんです．両者のご尽力により，わかりやすくて読みやすい本となりました．この場を借りて心から感謝を申し上げます．

■著 者

西出 利一（にしで としかず）

1950年石川県生まれ．金沢大学理学部卒業，東北大学大学院理学研究科修了．小西六写真工業（株）（現コニカミノルタ），日産自動車（株）を経て，1997年より日本大学工学部応用生命化学科教授．現在，日本大学名誉教授．理学博士．専門分野は無機材料・物性．おもな著書に『理系のための文章術入門 —— 作文の初歩から，レポート，論文，プレゼン資料の書き方まで』（化学同人），『研究報告書のテクニカルライティング —— 論理的でわかりやすい研究報告書の書き方』（Kindle版）などがある．

著者ウェブサイト「テクニカルライティング教室」
http://tech-writ-lit.com

本書のご感想をお寄せください

理系のための読解術入門

文の構造から，論理展開，批判的読み方まで

2024年12月31日　第1刷　発行

著　者　西出 利一
発行者　曽根 良介
編集担当　加藤 貴広
発行所　（株）化学同人

〒600-8074 京都市下京区仏光寺通柳馬場西入ル
編集部 TEL 075-352-3711　FAX 075-352-0371
企画販売部 TEL 075-352-3373　FAX 075-351-8301
振替 01010-7-5702
e-mail webmaster@kagakudojin.co.jp
URL https://www.kagakudojin.co.jp
印刷・製本　西濃印刷（株）

検印廃止

ISBN978-4-7598-2370-7